中国新景观

旅游度假及酒店　商业综合体　办公 会所　文化 教育

《设计家》编

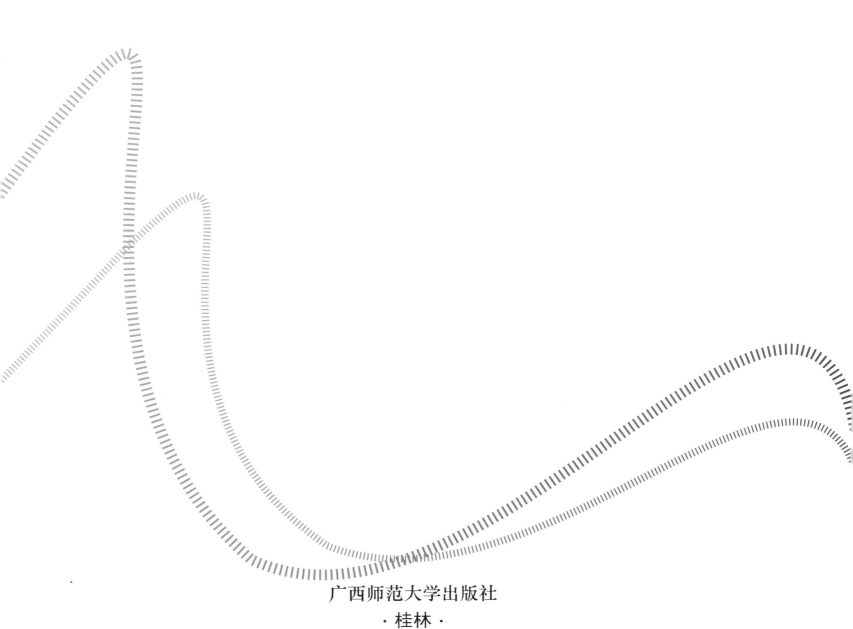

广西师范大学出版社
·桂林·

序 言

　　《中国新景观》收录了在中国各区域最新的100多个景观项目。按照功能分为三个部分：城市设计及滨水景观，住宅，旅游度假及酒店、商业综合体、办公、文教。这些项目的设计者不仅局限于中国国内，还有来自全世界不同区域的景观设计公司和设计师，如ATKINS、SASAKI、荷兰NITA、广州土人景观公司、北京土人景观公司、澳大利亚TRACT景观公司、美国的TOM LEADER景观设计、毕璐德景观设计、张唐景观设计、诺风景观、AECOM、泽碧克建筑设计事务所、安道国际、美国佰佛景观、三境四合、澳斯派克景观、东大景观、普梵思洛、日兴设计、水石国际、何小强景观设计、广州山水比德景观等，由此造就出了一本不论在内容还是在风格上都很丰富的景观书籍，并且呈现出不同地域和文化背景下的设计师在景观设计领域的最新探索成果。

　　本册是专门介绍城市设计及滨水景观和公共空间设计方面的精品集。城市设计与滨水景观都是比较大型的工程，从城市的整体规划到滨江海岸的恢弘工程的设计，体现出当代国内滨水景观的发展进度和水平。公共空间从公园、城市广场、交通道路、公共交通站全方位地介绍了当代公共空间的特色及功能。每个项目都有详细的工程分析图和全景图，直观全面地向读者和设计师介绍了项目的精华，再配上详细的文字介绍使得内容重点更加突出。

　　本书在呈现设计师们优秀作品的同时，还对项目主创设计师和设计公司代表作了专门的采访，通过与设计师的对话，让读者了解设计师在行业里的成长过程及作品背后的创作主张和核心思想，对于读者和设计师有着更深远的设计思想观和价值观的指导意义。

CONTENTS
目录

INTERVIEWS
访谈录

TOURISM AREA AND HOTEL
旅游度假及酒店

COMMERCIAL COMPLEX
商业综合体

OFFICE AND CLUB
办公 会所

CULTURE AND EDUCATION
文化 教育

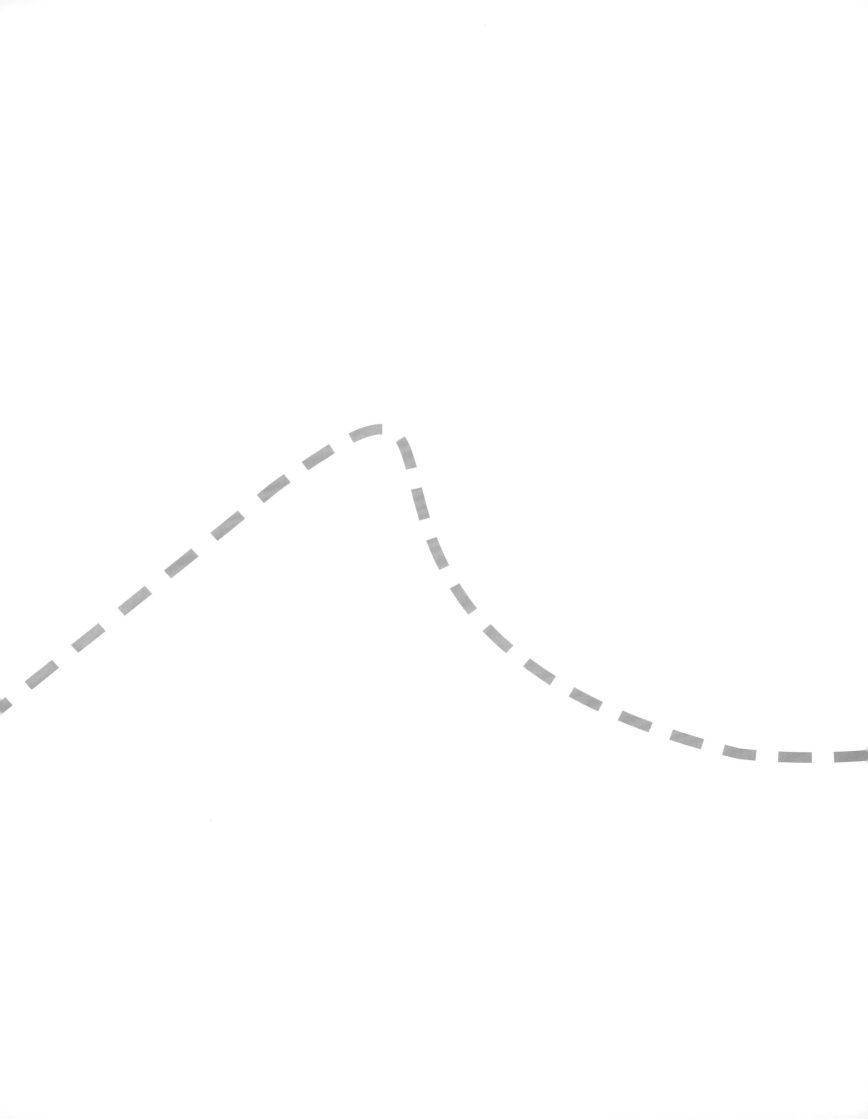

THE LANDSCAPE BASED ON THE ALL KINDS OF DISCIPLINE
基于多学科配合的景观设计

梁钦东

AECOM 中国区景观建筑规划总监、董事、总经理
浙江大学建筑系建筑学学士
美国俄勒冈大学景观建筑学系景观建筑学士（BLA）
美国俄勒冈大学景观建筑学系硕士研究生

梁钦东具有 20 年的专业设计经验，工作范围涵盖景观建筑、都市设计、建筑设计及室内设计各个方面，参与的项目包括大型居住区规划、景观设计、单体建筑设计、高科技办公环境的室内规划设计。

服务更广大的民众

《设计家》：AECOM 是基于什么样的考虑，将众多的专业与业务整合？

梁钦东：

　　AECOM 由世界顶尖的工程、设计、环境和规划公司组成，素以整合全球专业资源、提供本土解决方案享誉业界。多条业务线包括交通、水务、市政发展、工程项目管理、环境、建筑设计和工程等专业团队。AECOM 的目标是成为一个全面整合业务线的综合服务咨询商，从前期调研、市场定位，到具体的规划、建筑设计和景观设计，以及交通、水务、环境，直至最后的施工管理，提供全方位一站式的服务。尽管现在还没有全线覆盖，但基本是朝着这个方向发展。

《设计家》：那么，AECOM 在景观业务这方面的特点与定位是什么？

梁钦东：

　　我们一直有这样一个理想——要服务于更广大的民众，同时能够改变和提高整个城市环境、生活品质和整体形象，而不是只为少数的精英或是最昂贵的物业、最私密的星级酒店等作设计。在过去 15 年，AECOM 的景观设计团队重点关注的是公共开放空间，并且实践于城市开放空间、公园、广场、街道等各种尺度的公共景观系统上。基于 AECOM 这样大的平台，我们有经济规划团队，环境和生态规划团队，城市规划设计、建筑设计相关的专业队伍，所以，我们在任何项目中可以得到更多的专业支持。比如设计一个公共开放空间，单纯地利用绿化和铺装美观不是我们最终的目的。我们认为，要更多地考虑人怎样在这个空间里面活动。这就涉及财务问题——这座公园由谁来管理？日常的管理费用从何而来？是否需要我们在里面做一些与人的活动有关的小型商业设施，来增加人在公共环境里的体验，并为公园的长期可持续经营提供一些财务支持？还有环境问题。在多数复杂的开放空间系统项目中，我们一定会做环境和生态的研究，以便确定哪些地方应该开发或发展，哪些地方需要保护，水资源是如何进行管理的。总的来说，一个项目的最终成功绝不是一个简单的设计问题，背后有很多因素相互关联和作用，多学科和多专业的整合是景观设计的趋势。

　　我们强调团队工作，从来不去宣扬哪一个人是"大师"，包括今天我们所谈论的观点和想法，也都是代表 AECOM 景观设计团队来谈的。而我们已经完成的设计建成的作品，也都是大家共同合作完成的。

陶练：

　　让景观服务于更多的人，体现专业的团队，多层面的学科交叉合作的过程。我们倡导的可持续设计理念涉及经济、社会、文化、生态等多方面，要实现可持续，需要多专业技术的团队共同完成，而 AECOM 在很早以前就构建了这样一个坚实的平台，我们目前开展的景观业务，基本上都是在这个平台上协作完成的。

《设计家》：您提到考虑人在景观里的活动，也提倡景观跟人之间要多一些互动。而现在城市里，许多景观作品真的就是只能"观"而不能互动。您认为，通过哪些方式可以让景观跟人有更多的互动？

梁钦东：

　　我觉得要从两个层面来看这个问题。第一，在我们的城市里，从政府到开发商，从城市设计到商业项目、居住区等，都过分地强调视觉效果，比如说各个城市都在做一些形象工程，在许多城市，其目的更多的是为了迎接上级领导的视察、评选优秀园林城市等，往往跟当地老百姓的日常生活关联度不高。由于定位的

陶练

AECOM 上海办公室景观设计总监
重庆建筑工程学院学士（建筑系城市规划专业）
英国曼城大学艺术与设计学院景观建筑系硕士

陶练在景观和建筑设计领域拥有十几年的专业经验，参与过许多政府和企业的项目，包括综合功能开发、城市滨水带、教育园区、城市广场、商业中心、城市公园、湿地等大型公共空间项目及高级住宅区、私家别墅的规划和景观设计。

原因造成在设计过程当中更多地重视轴线、气派……加上很多城市的交通规划不够合理，街道太宽，车速太快，有些开放空间或是景观正好被两条街道隔离，绿地完全被马路包围，造成大家都过不去、不愿意去的情况。在开发商做的一些项目里也有类似的情况。有的开发商考虑的是如何给大家好的第一感官印象，以利于销售，而不是未来 30 年里居民在这里的使用以及对环境的感受。因此，首先要在概念上确定开放空间是为人所用。

其次，既然是为人所用，我们就需要根据项目周边的开发和环境来分析使用的不同人群。他们的使用方式是怎样的？有没有季节的影响？哪些活动会在这里发生？我们的设计如何适应、鼓励这些活动的发生？除了设计以外，还有哪些事情我们可以做，让这些使用更合理、更方便？

根据每个地块不同的特色和特征来作不同的设计

《设计家》：AECOM 如何看待和解决景观设计的本土化与地域性问题？

梁钦东：

这确实是我们在设计中最关注的问题之一。我们在每个项目的开始都会作一些基地分析，包括项目场地及周边的自然景物，如水资源、土壤、气候、植被的情况，还有社会资源，如周边的人群构成、土地使用、人文古迹等。如果说到水资源，我们会分析为什么这个项目要做水景，水从哪里来，可不可以利用场地及周边收集的雨水，怎样收集雨水，怎样清洁、保持它的水质，使用者怎样能体验到更好的亲水性。

我们也同时注重人文和历史资源在景观中的反映。前年，我们在唐山完成的一个项目，是在原来的陶瓷厂所在地建造的。我们特别考虑景观设计怎样反映陶瓷厂原来的历史记忆和产品文化。于是，我们在一些地面的铺装上使用了陶瓷的花纹，所用的灯具也采用了中国传统的青花瓷纹路，还保留了当初的一些生产设施，让这个新的项目反映和延续原来的一些历史文脉。所谓的本土化和地域性，我个人觉得，就是在每一个项目里根据每个地块不同的特色和特征来作不同的设计。

另外，我们在设计中总是考虑如何更多地使用本土植物。我们一直特别强调，第一，不一味追求高大成熟的植栽效果，不使用从山野乡村运来的成年大树，提倡从苗圃里购买大小合适的植物；第二，使用本土的植物，而不是从国外运来的奇花异草，因为本土植物最适合当地土壤、气候和水文等情况，需要的后期维护也更少。

《设计家》：在当前的大环境和风潮之下，你们怎样跟甲方更有效地沟通，让他们接受你们的观点？

梁钦东：

我个人觉得，可以从几个方面来谈：

第一，我们会告诉甲方，我们希望所做的作品，其成果能够代表一个时代，代表这个时代一些新的美学标准，而这些新的标准就包含了对土地和环境生态的尊重、减少资源的浪费等。举一个并非我们公司的作品为例——美国芝加哥的千禧公园里种的是野花野草，可能按照原来所谓的美学标准来讲效果并不太好，因为这些野花野草到了秋季会衰败、枯死，而且衰败的程度不一样，导致公园的景观并不是很均匀、很完整，按照以前的观点看是不那么美。但是公园建成后，大众和景观业界都觉得它很好——它在不同的季节有不同的特色，展现了自然的规律，体现了自然本身的美，代表了一个新的美学视点。这个项目后来获得了美国景观设计师协会的设计奖。

在国内，尤其是在北方，很多开发商会向我们提出景观要"四季长绿、三季有花"的要求。我们会跟开发商和业主沟通，第一，自然规律不可能让所有的地方四季常绿。另外，四季常绿也不一定就是最好的美学标准。冬天，萧瑟寒风中的枯枝，以优美的线条和天际线的剪影来形成背景，表现出一种传统中国画的意境，本身也是非常美的自然意象。

第二，我们也会讨论维护成本、未来使用的资源问题。如果选择的都是奇花异草，也许浇灌用水量大，也许防晒或防寒要求高，维护成本一定会非常高。即使我们不能在所有的项目里都成功地说服甲方，让他们放弃一些不太实际的想法，但多数情况下，他们还是在不同程度上接受了我们的一些理念。

陶练：

在与甲方沟通的时候，我们也有自己的策略。比如在北方作项目的案例分析时，我们会有针对性地选取一些有北方特质的好案例，让甲方看到那些项目的现状和可以达到的效果。这样，他们就会比较容易接受。同时，我们也希望景观作品在审美上能够达到更高的层次——像蚌埠龙子湖桥头公园，这个项目曾获得 2010 年美国城市土地协会 ULI 卓越奖。我们在考虑表达安徽文化、突出当地的特色时，认为直接把传统的民间符号放在里面也不一定合适，于是，我们在某些细节上，把一些传统的文化元素进行了提炼和艺术加工，然后运用在一些细部设计上。

其实，每块土地都有其独特的美，我们经常运用当地的材料和构造方法通过现代的设计语言来表达对当地文化的尊重和对艺术的追求。我们在山东微山湖湿地公园的岸线设计中就利用当地的杨树干作为固定桩，用柳条编织，第二年柳条发芽后，将土壤牢牢地固定住，用当地最原始最普通的材料，经过设计师的手以另一种美的形式回归自然，这也是对土地的一种尊重。

《设计家》：您怎么看待传统的中国园林在景观设计中的现实意义？

梁钦东：

我个人认为，在有些空间里采取古典园林的手法来处理，使用现代的材料、现代的新视角，跟现代建筑进行配合，都可以创造出很好的效果。特别是在人的居住环境里，常有这样的空间，也许场地并不太大、周边有建筑物围合……它产生的效果从尺度上来讲和古典园林非常接近，其实可以达到古典园林追求的美感。我们在深圳万科第五园的项目里就有这样的做法。这个项目是 townhouse 产品，容积率不高，但平面上的密度比较高，布局很满，真正可以用来作为人活动、休闲娱乐空间的地方比较小，基本就是宅前的一些面积。这反而给了我们一个机会去跟建筑师合作创造一些不寻常的空间感受。恰好，建筑师也有这样的追求，要把项目做成新的中式建筑，他们也在其中应用了一些中式符号作为设计元素，如月亮门、灰瓦、白墙等。这个项目在小的庭院里追求一些意境和细节，做出了许多非常精彩的小空间，确实跟中国的古典园林有异曲同工之妙。

中国古典园林的精髓，依我个人的看法，一是对意境的追求——看得到的和看不到的、想象中的东西怎样体现，人在空间里怎样体会到这些。二是对传统、对自然山水的表现。如何去模仿自然山水，或者说通过某种抽象来进行模仿。我们曾经看到在项目中应用现代材料（钢材）来表现山的形状，这也是一种探索。而说到"水"，我们常常并不真的去做一个水系、一个水景，也许是用旱溪结合地形来表现山川河流的意向，或者通过地面铺装不同的的颜色来表达水的感觉。这些跟中国园林的精神在本质上是相通的。

景观创造更丰富多彩的城市生活

《设计家》：您如何看待景观设计领域发展的现状？

梁钦东：

在过去不到 20 年间，无论是景观设计公司，还是相关的学校和专业教育都在不断地成倍增长，整个景观设计专业发展得非常快。究其原因，社会对景观专业的需求来自几个方面：一是中国的城市化进程在极速发展；二是开发商在做项目时，先拼户型和建筑立面，再找亮点和卖点，就是景观了。这是对我们专业发展有利的一面。同时，正是由于社会对景观设计的需求量很大，通常情况下我们作设计的时间不够，大家花的心思也不够。我个人认为，这个行业整体上还不够成熟，现阶段也比较浮躁……我们所做的许多东西，有些是开发商或业主要求我们做的，有些是我们主动去做的，其中不乏过火的东西，比如设计太多，人工堆砌的痕迹过重，有些用力过猛。其实，设计应该适度，简单、实用就是很大的优点。

《设计家》：这些现象我们时常可以看到。比如有些项目才竣工，景观就做得非常满，植被都透不过气来了。但这恰恰就是开发商追求的效果。

梁钦东：

从景观的层面来看，树苗从很细到不断慢慢长大，这个生长过程本身很美。我个人认为，在绝大多数项目上没有必要把这一过程去掉，直接呈现一个很成熟的景观的效果。另一方面，有些景观过多地追求豪华，无论是水景、材料都花了很多精力、资源和费用，反而显得过分雕琢。这种现象其实值得我们自己、景观行业和整个社会检讨与反思。

《设计家》：在这样的环境下，AECOM 有什么样的坚持？

梁钦东：

我们毕竟也是生存在这个大的社会环境里，不能说我们在所有项目上的成果都让自己非常满意，但至少我们自己有比较清醒的认识，我们在内部经常作一些设计研讨，大家谈设计的时候经常也会反思这些事。做不同项目的时候，我们都会尽量跟开发商更好地沟通，让他们能够做一些我们认为节省资源、节省材料，而不是过度浪费的景观作品。

最近我们在讨论和实践的题目之一，是"绿色基础设施（Green Infrastructure）"的理念。这一理念的含义，是把开放空间和生态系统视为一个城市或者区域的基础设施，而不是说先做城市，然后去点缀一些公园、点缀一些街道、点缀一些绿化。为此我们成立了一个专门的团队，在做一般的城市规划项目时，整个团队都会参与其中。如果说 AECOM 的规划设计跟其他公司有什么区别和不同，这可能就是区别所在。

另一个我们特别讨论的是节水型的景观设计（Water-sensitive Landscape Design）。虽然大家都知道地球是缺水的，我国北方城市更是缺水，但在做项目时，人们往往还是忽略这个事实，要做大型水景。我们认为，尽管有的项目有特殊性，需要做大型水景，但这不是未来的方向。所谓节水型的景观设计包括这样几个方面：一是怎样尽量少地使用水资源；二是怎样去回收大自然给我们的水，重新加以利用；三是选择一些不需要人特别照顾便能够自然生长的植物。针对这一问题，我们也有专门的设计师在研究和探讨。

还有几个方向性的问题我们也在探索，比如说水岸的开发、城市生活等。前几年，一些开发商和媒体鼓吹所谓的郊区化，把郊区的低密度住宅宣传成美好生活的目标，我们认为这是不合适的。在当前中国的人口和土地情况下，郊区化只会让交通更加恶化，最终造成生活品质的下降，在中国的国情之下，鼓励郊区化是一个完全错误的方向。我们认为，应该鼓励更丰富多彩的城市生活，比较高的密度之下，有效地设计出丰富的开发空间系统，高效率地为人们提供比较好的生活设施。这是我们一直在规划、景观设计里推行和提倡的。

陶练：

说到"绿色基础设施"在项目里的实践，这让我们的工作跟以前产生了很大的不同。目前，我们有许多大型的政府项目。就我们的观察，许多地方的政府都很想做生态景观项目，但他们对生态的理解还很片面，需要我们去引导。在我们已经开始的绿色基础设施项目中，包括利用雨水回用打造景观水体、解决灌溉的住宅区景观项目，城市开放空间的景观规划以及区域的景观体系规划等。通过这些项目的实践，也让更多的人了解到 AECOM 的设计宗旨，以及对人类、社会和周围环境的关怀。比如，最近我们正在做的微山南部新城的景观规划，就是一个在新城的区域里构建城市湿地生态网络的项目。微山南部新城位于一个生态环境非常好的区域，我们在保护和维护现有自然资源的基础上，充分利用现有河道和湿地，与新开辟的水体，开放空间的节点形成绿色网络，塑造不同形态的湿地和城市界面特征，使其成为一个和城市有机整合的自然环境和生态系统。 这个项目也是在 AECOM 多个团队相互合作的平台上完成的。

《设计家》：我们回过头来谈谈两位本身。在专业背景上，两位都有建筑和景观的双重背景，也都有着中西方双重的教育背景，这样的背景和经历对你们的工作有什么样的影响？

陶练：

肯定有好的影响。在国内我本科专业是规划，毕业之后一直在作建筑设计，然后到国外学习景观。当时，景观对我来说是一个新的专业。国外的景观设计与景观专业比较成熟。在我出国学习景观时，国内对这个专业的理解可能更多的还是停留在"园林"上，而国外所谈的景观已经上升到比较高的层面，比较严谨。这也是我当时选择去学习景观的一个原因。

现代景观和古典园林是用不同的手法表达对山水的理解和空间的处理，是用不同的设计语言诠释对土地和文化的尊重。设计师需要通过提炼，然后用设计语言阐述对项目的理解和追求，而不是仅仅靠表面符号上的运用。刚才梁先生提到，一些古典园林的手法是可以借鉴的。但是，这些手法必须在合理的尺度上运用得当，才能够达到好的效果。我个人认为国内的设计师尽量不要被中国古典园林的设计手法约束，应该根据项目特点采用不同的设计手法去表达自己的设计理念。

谈到对建筑和景观专业的选择，我个人认为与建筑相比，景观有着自己的生命力。一座建筑完成之后，它的外墙、窗户日益陈旧，而景观是生长的，展现的是不一样的精神。在建成的景观项目中，你可以看到人们在里面活动经常是超乎之前的设想的。比如蚌埠龙子湖桥头公园，做完几年后再去看，有些空间的变化是我们一开始设计时想不到的，比如由于植物生长和建筑的阴影关系产生的变化，使人们发现了更多夏天有阴凉、冬天能够享受阳光的地方。由于景观作品在使用过程中可能需要变化和调整，我们在项目中也会做一些弹性空间，而不是做得太满。

梁钦东：

由于相对来说建筑这个专业领域在国内更成熟，我读书时也是很自然地选择了建筑。但是在学校里接触到一些国外的景观设计作品，让我看到了全新的、跟传统中国园林不一样的东西，所以到美国之后，我选择了学习景观。

我个人觉得，建筑学背景给我打下了一个比较好的基础，首先是让我对空间塑造产生了比较好的概念。在景观设计里，空间的塑造更多的是用一些比较虚的东西来进行，如软景。在很多情况下，设计师并不容易把握。而这些问题在建筑学里是很实在的，比如建筑师通过墙和开口来塑造空间的变化——有了这个基础，我们能很清楚地了解人怎样使用不同的空间，人在什么样的空间里会有怎样的感受；第二，建筑设计在"建造"、"构造"方面有着许多基本的概念。对这些问题的认识，也为我作景观设计打下了较好的基础，让我知道在景观项目里如果要做一堵墙、一条路、一个坡，需要怎样去做。这两点对我帮助很大。

我与陶练的想法类似——景观确实是一直在生长的作品，每隔两年、三年，甚至更长的时间，它都在不断变化、不断成熟，甚至若干年以后还会有一个衰老的过程。其实，景观作品衰老的过程也很有意思。

LANDSCAPE WITH ZERO AND EVEN DESIGN
加减零的思想

大川善成

TOA 诺风景观 主任设计师

大川善成，曾在日本参与了城市计划、公共公园等项目。在新加坡参与了五星级酒店及大量高级公寓的景观设计，包括从方案设计到现场监督管理，能够设计高密度、高质量、高品位的项目。由于具有出色的国际感觉，所以能够很好地设计展现地区的文化特色的作品和完成达到世界标准的高质量的设计。

学历、职历：

1999 年 3 月 筑波大学艺术系设计学科
　　　　　　　环境设计专业
1999 年 4 月 株式会社 东京景观研究所
2001 年 11 月 PERIDIAN ASIA PTE LTD
2003 年 6 月 日本 ALTAS 上海事务所
2005 年 10 月 设立诺风景观设计咨询（上海）有限
　　　　　　　公司
Member of IFLA Japan（国际景观设计师联合会会员）

《设计家》：您的设计主张是什么？

　　景观设计是相对于环境设计的工作，所以了解每个国家的区域特性是设计的关键。要尊重原有场地的个性，通过适当的手法创造出心旷神怡、自然和谐的室外空间。设计的平衡非常重要。过分的加减都是不可取的。恰到好处的增加是取得良好设计平衡的重中之重。

《设计家》：这种思想在不同地域有哪些不同的体现？

　　麦克·哈格将景观设计定位在拯救地球和人类的高度，近些年来，人类的发展造成了一系列的环境危机，欧洲、美国和中国通常是"加"的设计，增加要素构成一个设计。另一方面，日本被认为是一种"减"的设计。删减不必要的空间元素直到展现出最精练的空间。这两种不同的设计手法，他们没有孰对孰错，这是各国不同的风土人情和历史文化所造就的不同风格。

　　现在，随着科技的发展和交通的改善，地球变得越来越小，无边界设计活动越来越兴盛。在这种国际化时代里，普遍性和地域特色的平衡是景观设计的关键。

《设计家》：在最近的项目中你们主要的设计观念是什么？

　　目前，我公司主要负责中国项目，设计观念强调融合中国的地域性、世界的设计潮流，还有我公司的设计风格。纯粹的日本设计不符合中国的地域特性，因此得不到理想的设计。但是单纯的欧美设计也不一定合适。好比欧美的油画太满，日本的浮世画太空，都不是当地所适合的，需要两者结合渗透。不单是设计，植物、材料、技术水平等都需要因地制宜。带着平衡所设计创造出的空间是会有张力的，设计空间里的各种要素会相互呼应。设计中，过多的不必要元素将破坏平衡，让人觉得累赘。相反，设计元素不足的空间会很空虚，让人觉得平淡。

　　加则多，减则少。加减零。我认为这就是与自然的和谐。

《设计家》：你觉得在中国的景观设计中哪些方面是需要完善的？

　　可持续性的风景。

　　众所周知，车辆和机械需要后期维修。同样，对于景观设计来说，相对于空间的美观，维护的持久性显得更为重要。我认为，在中国关于这个维护的思想还不是很成熟。

　　比起 10 年前，关于维护的思想人们开始渐渐理解。适当的维护可以使精美舒适的景观空间经过 10 年甚至 20 年岁月依旧完好无损。景观设计是关于自然的设计，所以会随着树木的生长以及场地的成熟会变得越来越好。但是，就目前来看，中国的很多室外空间经过三五年的时间反而变得更为糟糕。比如铺装的污迹、木平台的损坏、凳子等小品的破损等现象，这不仅是设计的问题，很多是关于后期维护的问题。在中国，景观设计极速发展，设计水准也可以追得上世界级，但是如果不提高后期维护意识，就不会创造出经久不衰的好风景。

　　为了今后中国的风景更加美好，更需要包括后期维护在内的、持续永久性的空间创造。为了耐用和方便后期维护，室外环境需要设计结实的细节。提高施工水平也很关键，为了今后总体景观的提高，大家有必要考虑和关心后期维护的问题。

WALKING A SPECIAL WAY OF LANDSCAPE
走出一条特色的景观之路

孙虎

广州山水比德景观设计有限公司董事、总经理、
首席设计师

《景观设计学》编委
《景观设计》编委
《时代楼盘》特约专家
南京林业大学杰出校友、客座教授
建国60年中国人居进步杰出景观设计师
中国杰出建筑（景观园林）设计师
首届羊城青年设计师大赛金奖得主
香港皇家园林博览会金奖获得者

《设计家》：您是如何开始对景观设计感兴趣的？您为什么会选择这一职业？

选择作景观设计，有着误打误撞的际遇。

在上大学前，我对景观设计并不了解，虽说家族里有亲戚在作设计，自己也不知不觉耳濡目染，生发出些许设计的因子在跳动。但是，最终选择景观设计，还是在进入大学之后，拿起画夹在大自然里挥笔的时候，才惊喜地发现自己找到了一个快乐，一个愿意为之追求一生的快乐。虽说大一才开始绘画，但是大二的时候便有很大进步，用老师的话，便是"很少有进步如此快的同学"。之后，自己对绘画的兴趣渐趋浓厚，尤其是逐渐对绘画技艺的鬼斧神工以及与人、社会与大自然之间的关系，有了好奇心。

所以说，走上景观设计的路子，自己是被动的。但是在被动里，自己却惊喜地发现这一份误打误撞来的专业，却是自己无意识里所期待已久的那一份乐趣，也自此，打开了人生的一扇窗户。

《设计家》：请谈谈您作为景观设计师的职业历程，有哪些不同的阶段？

1998年从南京林业大学毕业之后，我开始在广州一家园林艺术工程公司任主笔设计师。

2001年开始的时候，自己便和几个志同道合的朋友组建了一个景观设计的事务所。后来，经过六年的筹备，加之规模、品牌的日益壮大、提升，事务所显然无法满足发展。于是，2007年的时候，我们注册成立了广州山水比德景观设计有限公司，步入正规军行列。

2007年至今，走过六年多，公司已然发展成为规模近200人，业务内容涵盖景观设计、景观动画、景观工程等，分别成立了红德动画公司、夺畋工工程公司等子公司，业务布局辐射全国，先后成立了昆明、青岛、上海、西安等分公司。

《设计家》：您的景观设计主张是什么？

我的景观设计主张既体现在"让人类诗意栖居"的公司企业使命中，也贯穿于每一个项目的探索之中：既不对西方景观设计肤浅模仿，又不对中国传统元素简单复制，而要走出一条具有山水比德特色的景观之路。

《设计家》：您的代表作品有哪些？分别实现了您怎样的设计理念？

广州大一山庄、力迅·时光里、万科红郡、太原·恒大华府、长沙湘江壹号等，都是我近年来的代表作品。设计师是个无限最求完美的职业，就我个人来说，尤为如此。如果非得从做出来的项目选择的话，相对来说，大一山庄可做第一选。因为就大一山庄的设计来说，其在原生态设计方面表现得更为淋漓尽致：利用景观设计，使得建筑与环境的对话，呈现出共生的平衡状态；在景观设计中，我们尽可能地利用场地所处的白云山自然资源，将白云山的绿造化一般流泻而下，形成"房流于林影"的景观。

《设计家》：在景观设计专业领域，您近期关注的问题有哪些？

设计教育与设计实践的接轨、现状，设计企业在其中担当的责任与角色。

《设计家》：景观设计如何回应当地自然、人文特点？

景观设计很重要的一点是要传承地域文脉，就是要根据当地的特点和条件，设计有当地特色的景观，不能盲目地照搬其他地方或者西方景观的风格和特征。一方风水养一方人，城市、建筑、景观创作之源都是当地特殊的环境。充分尊重当地原有的山水条件，方能因地制宜，适应生态；充分尊重现有资源，方能进行合理开发和利用；充分尊重当地的历史人文特征，方能真正做到以人为本、服务于民。

《设计家》：如何在景观设计中考虑生态问题？

我们可以从广州大一山庄项目的景观设计来进行解读。

大一山庄是由 70 余座独栋别墅构成，而且每栋别墅都是由世界级的建筑大师或建筑机构独立完成，使得每栋别墅独具个性化。对此，项目总体布局上便会面临这样一个问题：如何将个体的特色融为一体，在保持个性的同时又和谐地统一于一个整体里。

在对整个项目以及各建筑个体进行调研之后，我们发现，若要让迥异的个体风格融于一个整体内，景观的作用将扮演至关重要的角色：自然，就是可以包容一切风格的东西，而且在风格与风格的个体间更是形成了缓冲带，让不同风格不至于产生强烈的层次跳跃感。

所以，结合项目特色、业主需求以及所处周边环境，我们将景观设计的手法及理念定格下来：运用"现代化的随意性"的设计原则，打造一个"房流于林影"的自然生态的"世外桃源"。同时，我们通过现代的园林设计手段将"水"、"月"、"云"、"天"的元素引入项目中，在意境、文化以及精神上凝练出别具一格的风格与韵味。

以入口的体验式设计为例，为了形成与外界的层次感，我们将其设计成类似峡谷的通幽曲径，道路两旁是大石垒成的假山，而绿树成荫的古木则将石山掩映其中，古木参天、流云飞瀑的景象，让人踏入山庄第一步，便有恍入古时桃花源的原生态般的感受。

这样的生态设计并非刻意而为，而是根据其所处的位置以及功能需求所形成的。比如，入口处的飞云流瀑之境，更大程度上，是为了减少外界即广从路上的噪音以及粉尘等污染的进入，而艺术的再造以及体验式的环境则是功能需求之外所得到的额外享受。

所以，多数人进入大一山庄的第一感觉便是，这里的一花一草、一石一木原本就存在这里，而设计不过是就势而为。而实际上呢，这里原本不过是荒芜的，之所以达到"宛若天成"的效果，关键在于设计之初以及过程中，我们便执意打造最接近原生态的"第二自然"，一石一木，都是设计师切身感悟场地精神后精挑细选，而后现场监理施工，将设计构想切实落地。

建筑与建筑间，建筑与环境间，因为景观的匠心独运，宛若从白云山的绿色流云瀑布间淌下一般，自然。原生态的景观设计，毕现。

《设计家》：如何看待景观设计中传统与现代的问题？

我一贯认为应该以现代的语言来表达具有传统意义的内涵，也即：现代体，传统心。

《设计家》：您如何考虑景观设计项目实现后的长期维护问题？

其实项目的长期维护，是在项目设计的时候就要考虑好的，而且也应该属于项目设计的一部分，如果没有解决好长期维护的问题，那就说明这个设计是有很大缺陷的。

《设计家》：您如何看待景观设计领域发展的现状？您认为景观设计这个领域近年来发生了哪些重要的改变？未来的发展有怎样的趋势？

一直以来，我们很多景观设计师都在玩造型、玩花样，为打造项目的噱头而设计。然而，前不久的一次法国景观考察，却对我触动颇深：景观是为自然提供繁衍生息的可能，设计是为生态系统提供条件。而景观设计师，则应通过对自然的接触以及对场地的感知去作设计，用情感创造诗意空间。设计师只有深度了解场地及当地文脉，才能确切传达出场地精神以及培养出设计师对场地、空间的情感，诗意才能流露，生态与人、社会的平衡也才能实现。

玩造型，做噱头，浮躁的设计对于环境问题而言，于事无补；只有真正沉下心来作设计，理解场地，熟悉文脉，培养情感，诗意有成，生态的平衡也就水到渠成。

这时，景观设计也才真正发挥其本质的作用。当然，国外是一步步发展到这个阶段，内地的景观设计也不例外，需要时间。

TRACE THE PAST AND UNDERSTAND THE FOOD
延续历史　理解本源

张斗

SASAKI 上海公司总监
资深景观建筑师
LEED 领先能源环境设计认证设计师

张女士是一位有远见、有创造力的设计师。她风格鲜明的设计方法突破传统思维，为项目注入新鲜视角。张女士在景观设计与管理上有 15 年的经验，能够从宏伟愿景到精致细节、从景观自身到整体环境进行全面思考。她不仅擅长为客户提供良好的服务，而且可以与其他专业的设计人员进行密切的配合，从而成功地建造大型而复杂的项目。她具有各类景观项目的丰富经验，近年来的实践主要侧重于公园和城市景观。
她的项目曾多次获奖，包括 2006 年波士顿景观建筑师协会荣誉奖。

学历：
马萨诸塞州大学阿默斯特分校景观建筑学硕士
天津大学建筑学硕士
天津大学建筑学学士

所属专业机构：
美国景观建筑师协会会员
波士顿景观建筑师协会会员
注册景观建筑师：马萨诸塞州

在近些年的设计实践中，我一直在关注城市更新过程中现状城市基础设施的再利用和农业与城市生活的结合问题。

随着中国多年的城市扩张，大量的良田和宝贵的生态栖息地被开发建设项目所掠夺。近年来，人们逐渐认识到这不应该是中国的未来。我们应该积极保护自然资源，把未来建设的重点放在现有城市的更新和改造上，将建设控制在一个集中的范围内。

在过去的 5 年里，我做的许多项目都与重新利用和改造现有基础设施有关，包括桥梁、道路、建筑、防洪堤和机场跑道等。如果在项目设计中不提出要保护这些设施的话，它们早就会被当作新生活的拦路石而拆除或放弃了。这些基础设施被作为设计中的重要元素来延续当地的历史并节省建设资源。多年来虽然人们的物质生活变化很大，但日常生活背后蕴含的文化元素、联系今朝与往昔的一缕记忆却会世代相传。通过给这些被抛弃的或过时的基础设施寻找新的用途，不仅可以减少建筑垃圾、减少对新材料的需求，也创造了不同寻常的空间体验，唤起人们对往日的回忆，并在未来数年中赋予这些设施新的生命。

农业和城市生活的结合是我的另一个关注点。这里的重点并不是在城市里进行农业生产，也不是将农民都赶到城里去，而是在于将城市人群的日常生活与乡村结合起来，与人类生活的根源相结合。

对于在城里长大的年青一代来说，食物只是从超市或饭馆里买来的东西，是在厨房里加工出来的东西。食物到底是从哪里来的？生产我们每天需要的食物的代价是什么？日常的乡村生活是怎样的？对这些问题的兴趣吸引我在世界各地参观了许多农场。游览农场加深了我对农业生活的理解，也让我感到去农场是从繁忙的工作中解脱的一种最佳方式，几乎是一种退隐生活。

这样的经历可以成为在现代中国社会中联系城市与乡村的平台，一个有教育功能、有趣和可操作的平台，一个超越常见的周末摘苹果或吃农家饭的平台。我试图在一些项目里实现这些想法。西咸生态农庄是其中之一。项目离城市很近，希望能够通过参观农庄的体验来加强乡村和城市生活的联系。

GIVEN AND TAKEN
舍与得

赵伟强

香港太合国际集团有限公司的总裁
广州市太合景观设计有限公司董事长兼设计总监
广州市美景建筑模型有限公司董事长

学历：
大学本科，文学学士学位。
拥有 CCCP 国际企业教练证书。
拥有 NLP 国际执行师证书。

专业技能：
　　景观设计——典型的半路出家，在实战中摸索
成长、自学成才。由大学教师而下海经营模型公司，
20 世纪 90 年代开始在制作楼盘销售模型时为多家
房地产公司设计园林景观，为今后正式进入这个崭
新的领域打下了良好的实战型专业基础。

设计理念：
　　坚持经济性的原则、多样性的风格、自然化的
环境、立体化的空间、人性化的尺度、参与性的功
能、艺术性的感受、均好性的布局八大设计理念，
在地产景观领域内引起了极大震撼。

设计风格：
　　多面手型，现代欧式、东南亚风格、地中海风情、
纯现代风格、现代中式风格均能较好把握，并擅长
将不同风格的景观元素相互融合，古今中外的景
观精华糅为一体，创造出适合每个不同项目的景
观作品。

经典作品（已建或在建）：
　　北京富力桃园、广州星河湾、广州金海岸花园、
广州云楠苑、广东肇庆星湖湾、广东东莞丰泰碧水
山庄、苏州中茵皇冠国际社区、苏州高峰会、扬州
凯运天地、北京星河湾、上海绿洲康城、北京御墅
临枫、桂林麒麟湾、成都春天大道、成都东方明珠
花园、西安骊马豪城、南昌城开国际学园、南宁龙

从小从商梦

《设计家》：您是如何开始对景观设计感兴趣的？您为什么会选择这一职业

　　其实我是师范专业出身，当时读的师范专业中文系，毕业之初在广东工业大学当了几年大学老师，因为从商的梦想，所以在大学执教期间，就开始做些建筑模型的兼职工作，做了一年多后，辞掉大学的工作，下海，与朋友合伙开设了做建筑模型的工作室。

　　1993 年下海，作景观设计是 1999 年开始，在这期间一直做建筑模型，开始进入了房地产配套服务商这个行业。在 1999 年，发现客户在做建筑模型时，已对环境景观有要求了，在那时还没有多少专业的设计公司，当时还没有景观的概念，还是按传统的说法叫园林，景观方面也没有什么设计，那时我们认为景观设计是个新兴的行业，前景一定很好，因此，1999 年就注册了另外一家公司即太合景观，开始正式进入景观设计这个行业，慢慢地尝试作一些景观方面的设计，而星河湾是太合景观正式进入房地产景观设计行业的第一个项目。

黄文仔给的第一个机会

　　当时，并不是科班出身的我是从做建筑模型开始入手与宏宇集团合作，太合接宏宇的第一个项目是位于市区的宏宇广场，从那时起认识了黄文仔，黄文仔对太合做的建筑模型非常认同，黄文仔是个做事很认真、要求很高的人，当时星河湾正在招标做施工。那时候，我还不懂得如何作景观设计，只做建筑模型和施工，一边做一边学习。宏宇广场第三期，有个空中花园和广场的项目，黄文仔决定把这个机会给太合这个刚起步的公司，让我来做个方案，假如好，就交给太合做。提交方案后，第一次方案就通过了，于是我们就将宏宇广场第三期的设计和施工做起来。

　　对于星河湾，太合并没有参与招标，黄文仔认为我们做事很认真，就没进行招标，而让太合为星河湾提供景观工程施工和部分景观设计的服务，所以至今，我很感激黄文仔，是黄文仔给了我们第一个机会，为太合景观的起步和发展奠定了基础。现在总结，星河湾带给我们最大的收益不是参与了星河湾的施工及部分的景观设计，更多的是在当中去学习，给我一个机会去学习，然后去总结，去提升，总结出来这些比较成功的做法，形成一个设计理念，然后开始在全国各地的项目当中去应用，并在不断的总结和反馈中得到不断的提升。

"舍得"文化

《设计家》：您的企业文化是什么？

　　我们的企业核心价值观里，第一个就是"舍得"，舍得就是有舍有得，小舍小得，大舍大得。对于我而言，就是大舍大得，并且是先舍先得。什么叫大舍大得，就是在做景观时，当时大家的投放都在 300 元／平方米，那时做星河湾，我们就已投入了做 700 元／平方米，翻倍，也许就是这种愿意先舍，再得，造就了星河湾这种非常震撼人的景观环境。

　　太合的企业文化与星河湾的精髓是一样的，太合的企业文化叫"真心做人，用心做事"。人正就是品要正，心态要好，如果心胸狭窄，斤斤计较就无法将事情做好，所以太合在接项目时就用真心，能做到的就接，不能做到的，不会硬接，这避免了在生意场上，为了接单，用了很多方法接下来再说，但一看，有可能亏钱，胤花园、赣州爱丁堡、广州南湖桃园山庄、珠海荣泰河庭、扬州尚城、上海上城名都、番禺康城水郡、河源东江首府、济宁森泰御景、衡水天元帝景、唐山天元帝景、清远城市花园、清远东城御峰、北海候鸟湾、云南澜山悦、南昌君苑豪庭项目、辽宁阜新凯旋帝景商住小区、从化亿城·泉说项目等。

经典作品（含正在设计的）：

山东淄博鸿嘉星城、南京瑞阳尊邸、南京苏宁银河天启花园、连云港中茴名都、桂林三金庄园、桂林三金花园、赣州蓝波湾、赣州塞纳春天、泉州凯莱酒店、福建郦景阳光花园、湖南衡阳天酬尚都、肇庆阳光林语美墅、肇庆半山森景、肇庆阳光峰景、山东聊城观湖111号、新疆喀什北湖生态公园3000亩景观设计等。

社会职务：
广州市青年企业家协会第八届理事会理事
广东省房地产业协会会员
广州市房地产业协会、广州市房地产业学会理事
香港商会（中国）广东分会会员
房地产导刊杂志社理事会理事
景观设计杂志社编委
国际新景观杂志社编委
国际狮子会中国广东分会321区心连心分会创会会员
中国房地产高效物流采购联盟、亚太房地产研究学会专家顾问组成员

为了控制成本，为了赚钱，而不断在服务上、质量上打折扣，而太合是绝对不会这样做的。

太合的舍得，是一个过程，体现在谈项目的时候，对项目的规划、策划定位和市场开发的方向，一些比较有价值的部件的意见，会先免费送给客户，从这个角度来说，也是先舍，但具体作设计时，会认认真真用心去做，这个时候舍得是用心的程度。一般配套公司是通过招投标的方式接单，而太合从不走招投标的方式，都是通过口碑相传，通过先得到开发商的认可而接项目。

《设计家》：在国内，比较多的景观设计公司老板都是专业出身的，比如中国园林上市第一股棕榈园林的张文英，还有北京土人的俞孔坚等，要么毕业于专科学院，要么是海归，那太合作为半路出家的景观公司，如何与这些专业性很强的公司竞争？

太合一直都是很坦白，跟客户坦诚，明确地跟客户说，自己是非专业出身，在景观专业中没有取得任何文凭，甚至一些景观的理论都很少去看，我们靠的是在实践当中去总结经验。每个人都会在实践当中总结经验，我认为，没有学院派的背景，所以只能不断地专心去研究客户的需要，而且主要专注于在地产景观这块领域。2003年，太合景观刚起步不久，与当时市场上大的专业景观公司竞争靠的一定是差异化。那时国内景观公司都有做许多类型的项目，包括市政园林、地产等，市政景观，收益是非常高的，许多景观公司都争着做市政景观。而太合只专注在地产业务上，走差异化的路，当时我总结了一个"地产景观"的概念，专做以房地产开发商投资的项目，投资主体是开发商，刚开始是住宅，后来慢慢也开始有商业、酒店、旅游等项目，甚至将项目附近的绿地、市政也接下来做，目前这个理念被越来越多的开发商所接受。这个理念也是从黄文仔那里学来的，星河湾那条骑江木栈道是市政路，是市政的景观，但黄文仔将这市政路拿来自己设计，自己施工，自己掏钱做的，这个也是舍得，虽做的是市政工程，但品质与星河湾项目的要求是一样的，虽然投入非常大，但效益非常好，因为将外环境也做得漂亮，把整个楼盘都包装好了，这个也是先舍，大舍大得，而太合也在推广这种理念。

适合第一，创意第二
《设计家》：你们的设计理念的核心是什么？

现在，太合与其他公司比较的优越性，还是在做事的态度上面，这也是许多开发商的反馈，但用心和认真并不代表就不需要创意，所以我们也提出一个核心的设计理念，即"适合第一，创意第二"。目前，设计师很容易进入一个误区，第一种是为创意而创意，一个项目一接下来，很想找出不一样的东西，但是项目多了之后，就没创意了，很容易去复制，成流水线作业了，这是很可怕的，很可能是没有按照该项目应该有的设计去设计，而是盲目去创意，结果金钱投入后，施工完了才发现其中的错误，这样很浪费，虽然钱是甲方出的，但钱也是社会的财富，不应该浪费。第二种是复制，没有个性，每个项目都差不多。所以太合提出"适合第一"就是说每个项目都是量身定制的设计方案，在其中具有很多创意，但这个创意的前提是适合该项目，所以适合第一，创意第二，这也是太合与别的公司不一样之处。

"地产景观智库"服务模式

地产景观智库之所以提出，是跟客户在合作过程中，发现客户存在以下几种类型：第一种是想做好，

但是可能缺人才；第二种是缺意识，不知道该怎么做好，没方法；还有一种是缺观念、意识，什么叫作好，不知道；如何做好，不知道；请什么人来做好，不知道。今年，国家的宏观调控及大量推出保障房，很多原先做中低端产品的开发商，都开始做高端项目，因为保障房即经济适用房，是中低端产品，目前在市场上做商品房的开发商，如果档次与保障房很接近，就没任何竞争优势和价格优势。保障房的价格是比较低的，开发商要赚钱，肯定卖价要相对高很多，要是在质量上拉不开优势，消费者凭什么以高价格去买这些商品房，所以说开发商目前压力很大。现在都在景观上增加了许多投入，只有让整个产品附加值提高，跟保障房拉开距离，才能保证效益，这样促使整个房地产市场往高端产品开发推进。所以越来越多的开发商想要做好，而问题也就出来了，原来做的是中低端产品，但突然间要提高层次，做什么才能有效果？这些开发商开始到处参观，到处考察，但毕竟这些也只能学到别人皮毛的东西，必须实实在在做两三个项目才能有感觉，目前房地产市场还是这个状况。太合景观以"中国地产景观智库"的全方位服务模式，为客户解决项目景观设计中的问题，以景观营造提升项目的档次，让每一个客户都成为明星地产商、每一个项目都成为明星项目。

目前为止最满意的项目是苏州中茵皇冠国际社区，该项目有高层、小高层、叠加式别墅，还有酒店式公寓，该项目因为是苏州的地王，所以当年开发商拿下这块地时，付出很大的代价，所以希望该项目楼价比周边项目能卖贵一倍。开发商对该项目期待很大，找了10家景观设计公司都没找到合适的，包括境外的一些著名设计公司。后来无意中找到太合，听说太合曾参与过星河湾设计，直接委托太合做景观，太合去汇报方案时，一次通过。该项目到目前为止，仍被公认是苏州最好的项目，包括许多电视剧、电影都将它作为豪宅的外景地。这个项目景观设计上的独特之处是将水系的应用——泳池作了很特别的处理，即两层的泳池，严格说是三层的泳池，一层是平时看到的泳池，第二层要爬一层楼高，上面有一个泳池，那泳池像一个金鱼缸，漂在下面的泳池上面，由柱子撑着，底是有玻璃的，边也是玻璃的，人在上面游泳时，透过下面的玻璃，可以看到下面的人在游泳，下面的人往上看，可以看到上面的人在游泳，很特别。

《设计家》：近年来，贵公司在设计实践中重点关注了哪些问题？产生了怎样的思考？
钱用在刀刃上是最低碳的

在低碳环保上，我认为钱用在刀刃上是最低碳的，每做一样东西都要有一个合理的成本控制，所以太合做的方案务求一次通过，只有微调；第二，施工图要做得很细，避免开发商在采购时不明确，然后采购到一些不合理的材料回来而造成浪费。并且太合有工程管理，在整个施工过程中，解决开发商在施工过程中遇到的困难和问题，确保开发商在采购、施工、管理等各方面都精确到一些细节，以提供更好的技术支持。

目前国内很多房地产项目的景观设计都很浪费，比如，为了达到效果，树都是成形的树，这会破坏树的原生长环境，国外社区一般是种植树苗，让树苗陪伴社区一起成长。除此之外，国外社区还会使用一些废弃的材料作景观。通过设计师的艺术眼光，重新去组合，使本来就该丢弃的废料成为一道景观。这就是低碳。

太合在景观设计中，也会建议开发商去买一些环保材料，但往往这些环保材料造价较贵，考虑到项目的成本，这种高投入的环保，开发商往往不能接受。所以，低碳环保是一个长远发展的过程，需要开发商慢慢去认识。太合自身具有这种低碳环保的社会责任心，但目前只能坚持不懈地去建议。低碳环保是全社会的意识，需要长时间的培育。比如，目前小区做水景的投入成本高，难维护，所以会建议开发商合理做水景，不要盲目做大水景。第二是推广以植物造景为主，多种树，减弱光学效应，少建钢筋水泥的硬景观。此外，由于草坪在冬天常会枯萎，到第二年春天，要重铺，成本很高，所以建议少用草坪，多种些地被植物，如一些石化，建设坡地，使景观立体化，从设计理念上去建议开发商低碳环保。

《设计家》：请跟我们分享一下接下来的计划及期待。今后，贵公司又将贯彻怎样的设计理念呢？

太合10多年造就了品牌知名度和美誉度，这个品牌知名度和美誉度很难孕育，需要忍耐许多年，才能形成一个市场口碑，现在，不只是开发商，包括同行也开始认同太合景观了。太合市场培育已成熟，加上市场调控，保障房的推出，迫使开发商差异化竞争，走高端路线，而高端路线一直是太合追求的设计理念，所以太合的合作项目很多。目前许多开发商来找，这是许多年积累的结果。

在未来三五年，太合继续专注做好地产景观，踏踏实实做事，继续保持良好的市场口碑，很好地生存，这比什么都重要。

DO THE DESIGN OF MINUS
作减法设计

张明富

高级景观设计师、工程师，中国风景园林学会会员，IFLA 会员

多年的景观设计实践经验，在设计工作中旨在探索具有独创性、艺术性和可持续性的后工业时代景观。既不对西方景观进行表面模仿，也不对中国传统景观肤浅地诠释，本人在设计中追求的目标是创造具有古典文化气质的中国人自己的高品质景观。

基于在艺术造型和审美上扎实的基本功训练，具备超前的造型设计能力和敏锐的规划尺度空间感。通过在国内各景观规划项目的大量实践经验，对于项目从初期到施工以及现场各个阶段具有丰富经验。在概念设计方面，强调从项目背景、当地人文出发，对自然景观进行艺术抽象和浓缩。注重细节设计。通过挖掘材料的原始性能，试图完美体现每一个细部的处理。

在多年的工作实践中作为主要设计师主持和参与过全国各地几十个重要设计项目，包括大型的新城社区规划、城市设计、城市公园和市政广场、大学校园、高新技术园区和高档居住社区景观规划及设计，以及相对小尺度的城市街头绿地、校园庭院和私家园林景观设计。曾在广州国际怡境景观设计公司、上海张唐景观设计事务所等业内知名设计机构从事景观设计工作。现任香港三境四合国际设计集团设计总监。

《设计家》：您是如何开始对景观设计感兴趣的？为什么会选择这一职业？

开始对景观设计感兴趣是我在大学的时候，当时觉得这个行业挺新鲜的，能接触各种类型（大到国土区域规划与整治，小到小花园小场地的设计）、各种地域（从华南到东北，从东部到西部）以及各种风土人情的景观项目，这对于时常闪烁着新奇古怪念头的我来讲有着很大的吸引力。

《设计家》：请谈谈您作为景观设计师的职业历程，有哪些不同的阶段？

作为景观设计师主要经历了三个时期：广州时期、上海时期和北京时期。

广州时期：这是一个起始阶段。华南地区由于特殊的地理、气候条件，景观设计一直处于全国的前列，在这里自己打下了坚实的专业基础，为后来的发展作了很好的铺垫。

上海时期：这是一个思维拓展、视野提高的阶段。上海最近几年景观行业的发展势头很是强劲，很多国外的设计公司或者国内好的设计事务所都开在上海，使为上海的景观行业形成了一个很好的氛围，这个时期自己接触到一批优秀的景观设计师，在他们身上了解到发达国家景观设计的实践理念与特点，自己对这一行业有了更深刻的了解和更敏锐的洞察力。

北京时期：是自我能力全面提高的一个阶段，在这里自己充分地认识到的要想成为一个好的设计师仅有优秀的设计能力是远远不够的，还需要有良好的管理能力、沟通交流能力以及现场解决实际问题的能力等。

《设计家》：您的景观设计主张是什么？

设计内容能简则简，设计过程中不断地作减法设计。

《设计家》：您的代表作品有哪些？分别实现了您怎样的设计理念？

青岛阳光博鳌艾美酒店景观设计、北京市建委大楼前广场景观设计、北京市海淀区美和园社区公园景观设计、北京市上林溪环境景观设计等项目，还参与了包括万科、保利以及恒大等知名地产的景观项目。这些项目实现了自己一贯提倡的节约设计、简约设计的理念。

《设计家》：在景观设计专业领域，您近期关注的问题有哪些？

近期关注的是在全球经济不景气的情况下怎样创造一种低成本并具有明显地域特质的景观，比如乡土的石材、乡土的植物，以及乡土的施工工艺。现在很多人在追求现代的新的施工工艺，这种不断挑战中国现有工艺极限的做法必然导致大量失败的项目。个人觉得一些传统的所谓低科技在工艺方面能减少成本，另外一方面还能强化地区特色，发扬传统技术。

《设计家》：景观设计如何回应当地自然、人文特点？

景观设计回应自然最好的方式是尊重自然本身固有的属性，将景观设计融入自然当中。而回应人文的方式则是尊重当地人文传统，这种尊重不是表面的模仿与表现，而是对有价值的人文历史进行深层次的挖掘，使景观设计体现出当地内在的文化气质。

《设计家》：如何在景观设计中考虑生态问题？

景观设计过程中的生态问题需要从宏观和微观两个层面考虑。

宏观层面主要涉及国土的规划与整治以及其他区域性的战略规划，这个层面要求我们在规划过程中充分地考虑各自然生态系统之间的关联性，这种关联性在规划过程中必须得到优化和加强。微观层面涉及的细节问题。比如透水材料的应用，如自然雨水、风、阳光的利用，以及一些有效可行的生态技术手段的应用等。另外，还必须强化生态前沿理论指导性现实意义。

《设计家》：如何看待景观设计中传统与现代的问题？

任何事物都是对立与统一的关系，景观设计中的传统与现代的问题也不例外。但在我看来，它们的同一性是占主导地位的，我们在设计过程中必须而且能够寻求一个平衡，这个平衡既能立足传统又能着眼未来。

《设计家》：您如何考虑景观设计项目实现后的长期维护问题？

首先，设计师必须要有远见，要能预见景观自然存在与发展的基本规律。对后期维护问题我想不能一概而论地说一种方法能够适用于各种类型的景观项目。对于不同类型的景观项目有不同的要求，比如五星级酒店，这种类型的项目就必须时时有人呵护，其后期维护的重要性不亚于最初的设计。但对于郊野公园或者风景区等类型项目，我们在设计过程中尽量尊重其自然原始的特性，后期维护更多选择粗放式管理的方式。

《设计家》：您如何看待景观设计领域发展的现状？您认为景观设计这个领域近年来发生了哪些重要的改变？未来的发展有怎样的趋势？

景观设计目前处于一种快速发展而又相对混乱的这么一个局面。当然，这个局面慢慢地在改变，随着人们对景观这一行业的理解，以及国家和企业的重视，我想这一行业在未来会朝着越来越理想的方向发展，这种发展和我们的生活息息相关。未来景观设计的趋势应该是地域性特质越来越明显，而不是现在的千景一面的现象。

《设计家》：其他您想要跟我们分享的还有哪些？

其实景观不仅仅是设计师的责任，应该是我们大家共同努力的结果。从设计到政府决策层再到开发商，以及我们普通的老百姓都是密不可分的。我想只有在大家的共同努力下，我们的景观才会有未来，我们的环境才会更加美好。

褚军刚

首席设计师，高级工程师
国家一级景观设计师
美国佰弗景观设计事务所总经理

褚军刚先生是国内极少数兼具生态、建筑、艺术三大学科背景的资深景观设计专家。高级工程师，国家一级景观设计师，法国建筑设计师协会会员，上海市景观学会会员。

褚军刚先生被评为：
"2012 年度中国最佳景观设计师"
"2011 年度中国优秀景观设计师"
"建国 60 周年中国十大资深景观设计师"
"2006 年度中国杰出建筑规划设计师 100 位"

褚军刚先生是中国内地第一位国家一级景观设计师，在其近 20 年的设计工作经历中，主持设计了众多的国家及各地市的重点项目，如：长江三峡滨江公园、上海陆家嘴中心公园、慈溪市人民公园、上海松江新城轨道交通枢纽广场、上海东方绿舟国防园、上海慈善基金会众仁花苑、兰州市张掖路步行街、山东太阳国际大酒店等。在房地产领域，带领团队专注于高端市场，为开发商提供最优质的服务。主要代表作品有：上海溧阳华府、上海森林溪谷别墅、上海绿庭尚城、上海四季花城儿童公园、上海南瑞别墅、上海漓江山水花园、上海广洋华景苑、上海三湘盛世花园、广西中地滨江国际、江苏常熟城市之光、浙江宁波亚创创 E 慧谷、安徽蚌埠百合国际公馆、浙江三门君临城邦别墅等 100 余个项目。

鄂尔多斯广场景观设计获 2012 年度中国人居范例景观设计金奖
山东圣德国际大酒店景观设计获 2011 年度中国人居范例景观设计方案金奖

HAVE A CONVERSATION WITH DESIGNERS: THE UNIFICATION OF ECOLOGY, CULTURE AND ART
对话设计师：生态、文化和艺术的统一

《设计家》：您是如何开始对景观设计感兴趣的？您为什么会选择这一职业？

选择这个职业的时候，当时在中国还没有现代意义的景观设计。我当初在大学读的是园林专业，当时全国正处于工业化建设的热潮中，全民的生态意识还没有形成。随着中国经济的飞速发展，景观设计也开始蓬勃起来，我作为最早的一批从业者，也随着这股浪潮，经历了景观设计从传统到现代、从本土化到国际化的演变。

《设计家》：请谈谈您作为景观设计师的职业历程有哪些不同的阶段？

20 世纪 90 年代我从南京林业大学园林专业毕业后，在上海绿地集团服务了 8 年，经历了上海具有现代理念景观设计的起始阶段，作为那个时代在上海具有创新意识的青年设计师群体的一分子。2002 年后，开创了自己的设计事务所，可以根据自己的理念来创作更好的作品。其后一段时间内，根据自身在规划设计领域不足的地方，去了同济大学攻读在职的风景园林硕士，后来又去了中国美院担任环境艺术专业的老师，教授本科专业的景观设计。在近 20 年的景观设计实践的过程中，我能很好地将生态、建筑和艺术三大学科融合在一起，创造出富有生命力的作品。

《设计家》：您的景观设计主张是什么？

我的景观设计主张和我从事的设计领域有关，我专注于中尺度的城市开放空间的景观设计，在这一领域内，我的景观设计的主张是：生态、文化和艺术的统一。

《设计家》：您的代表作品有哪些？分别实现了您怎样的设计理念？

我的作品跨越的尺度比较大，有高档住宅、商业空间、城市广场等，受不同地区和经济文化的影响，我的作品能很好地将地域文化和生态文化有机地结合。在上海地区的代表作品有上海溧阳华府、南瑞别墅、绿庭尚城、九峰广场、中房森林别墅等。

《设计家》：在景观设计专业领域，您近期关注的问题有哪些？

近期主要关注一些环保再生材料的运用。

《设计家》：景观设计如何回应当地自然、人文特点？

在设计时要明确景观设计是提供一种最优化的解决方案，需要和当地的自然、文化相融合，而不是设计师脑中天马行空的作品。

《设计家》：如何在景观设计中考虑生态问题？

在设计中一定要有生态意识和可持续发展的意识。在绿化设计时采用适地适树的原则，一定是最优的选择，像某些高档楼盘违反生态学规律，在北方大量种植南方植物，这种不科学的事情不可取。设计师应该有自己的职业底线，有社会责任意识。

《设计家》：如何看待景观设计中传统与现代的问题？

中国地域辽阔，设计中要从传统中汲取文化，同时设计中要满足人们现代生活的各种功能需求。

《设计家》：您如何考虑景观设计项目实现后的长期维护问题？

设计中在树种选择上多运用一些观赏性好、管理粗放的植物品种，同时小品、室外家具等多选用免维护的材料和再生材料。

《设计家》：您如何看待景观设计领域发展的现状？您认为景观设计这个领域近年来发生了哪些重要的改变？未来的发展有怎样的趋势？

景观设计发展到现在是一片热闹景象下的问题重重，现在的景观设计已经被开发商等绑架，受利益驱动或者长官意志的影响。整个行业缺少一个长远的战略规划，中国景观设计的使命是什么，我们不同阶段的目标是什么，等等诸如此类的命题都需要每个从业者静下心来认真思考。

李伦

澳斯派克（北京）景观规划设计有限公司董事、
总经理，设计总监

ABJ LANDSCAPE ARCHITECTURE & URBAN
澳斯派克（北京）景观规划设计有限公司

地域性与场所性

《设计家》：请谈谈贵公司的发展历程。有哪些重要的阶段？

澳斯派克设计公司在中国有 8 年了，它的发展大致可分为三个阶段：

第一阶段，2005—2008 年，落地与开创阶段。2005 年，迎合中国景观设计行业发展的契机，由澳洲来的李伦先生开创了澳斯派克北京公司。那个时期的特点是：适应中国市场、与澳洲设计公司合作多、做过很多规划类项目，很有收获，对公司之后的"泛景观"设计思路很有影响和帮助。

第二阶段，2008—2010 年，大力发展与反复阶段。赶上了景观行业的一次爆炸发展阶段，公司做过从规划到景观设计不同类型的很多项目，积累了业绩并培养了人才。但是由于行业整体年轻，市场急躁冒进，人员流动过大，影响公司的人才积累和作品积累。

第三阶段，2010—2012 年，反思与明确阶段。适应这个年轻而外延很大的的行业发展特点，我们及时调整公司发展战略，明确景观设计专业化发展道路并制定了人才激励稳定机制，以尽快实现公司跨越发展、多出精品。

《设计家》：贵公司一贯的设计主张是什么？

分两个方面：我们始终坚信，"创新"是设计的灵魂和价值所在，所以我们反对"行活儿"和复制的设计与思潮。另一方面，由于景观设计是要落地的，具有实际操作特性的工作，所以我们在反对行活儿的同时，积极推进"专业标准化"的建设。设计不能止步于纸上谈兵，建成为作品的设计，才是真正的作品。设计师团队要有创新的设计方案，更要有达到"行业标准"（行活儿）的施工图落实能力。

《设计家》：代表作品有哪些？

宏观的城市规划城市设计类：深圳西冲生态旅游度假区概念规划、石家庄西部山前控制性规划设计、深圳碧海片区城市设计；

中观的景观规划类作品：珠海淇澳岛旅游度假区规划设计、石家庄滹沱河沿岸风光带景观规划、新首钢宜昌三峡国际会展中心景观规划设计、唐山小南湖公园景观规划设计；

微观的景观设计类作品：吉林广播电视中心、杭州山湖印别墅、石家庄上山间山地别墅、腾冲温泉度假酒店、山西联盛教育园区景观设计。

《设计家》：近年来，贵公司在设计实践中重点关注了哪些问题？产生了怎样的思考？

近年来在实践中遇到了很多问题，促使公司关注和思考了很多，比如：整个景观设计的特殊性（如很多软标准）、景观人才的特殊性（如缺乏全才）、景观设计行业的发展前景，并相应在公司的发展对策上有些调整。

景观行业在中国还处于少年期：不成熟、常犯错误，但有活力、有希望。因此我们一方面对前景是乐观的，同时现实过程又是累人的，需要我们认真踏实地积累。

公司明确了景观专业化及品牌路线的战略，申办了资质，加强了品牌建设和宣传。同时，重点加强对技术干部的培养和帮助。因为品牌靠作品、作品靠设计师、设计师靠负责人。同时，公司制定了多层次的激励机制，来保证共赢模式的吸引力，对稳定人才起到很大作用。

另外，由于景观设计的特殊性，即图纸对"落地"的控制劣于建筑，所以公司对扩初和施工图图纸准确和细致标准大力提高、督促执行。

《设计家》：贵公司在工作中遇到过哪些困难？从哪些地方得到过启发和鼓励？是如何解决的？

困难来自两方面：对内，设计师团队的年轻化与项负人才的匮乏；对外，很多甲方设计管理团队的技术不专业和管理不科学带来的设计反复浪费和施工管理的赶工、粗糙问题。

从建筑师及建筑设计行业的发展得到很多启发和鼓励，借鉴它的经验教训对我们景观设计行业非常宝贵。比如：建筑师是建筑设计中的龙头专业，这一点有几十年教育、市场积累的支持，现在非常成熟高效了。但是在景观设计行业中没有这样的专业教育支持，环艺和园林作为行业中的两大专业，有很大的互补性，却各有瘸腿，都难以成为景观设计中的龙头。况且，现在的景观设计外延很广，需用的专业知识面广，这是景观设计现状中遇到的最大问题、普遍问题，需要大家共同努力。近年来，我们加强了内部专业技术培训尤其是干部培训。

而对外方面的解决对策需要依赖我们设计行业整体和公司影响力的加强，才能选择或引导甲方，向更专业、更科学、更鼓励创新的思路上转变。

《设计家》： 以上谈到的思考对贵公司的设计工作有何影响？

不断实践、不断思考，总会对人有很大帮助的，虽然这个过程会很艰苦，但是成功就是这样来的。在这样的思考和目标明确后，公司从上到下思路更清楚了，希望更大，干劲儿更足，质量也有很大提升。

《设计家》： 请谈谈贵公司近期的重要项目。

近期公司在做几个很有意思的项目：山西兴县友兰中学、渭南市博物馆、北京国锐密云科技园、泗阳经济开发区湿地景观公园、海信青岛淮安郡小区，这几个项目类型丰富，我们精细设计，甲方也大力支持，希望能建设成为独特、精致的景观作品。

《设计家》： 请跟我们分享一下接下来的计划及期待。今后，贵公司又将贯彻怎样的设计理念呢？

对比 2012 年经济形势的下滑，2013 年年初就能感受到很大的复苏活力，外部市场环境会更好。对内，在公司的激励机制和技术培训双管齐下努力后，我们希望看到双发动机的效果。最终目的是为社会创造更多的功能适用的艺术作品，同时与建设方形成长期共赢的合作。

A & I INTERNATIONAL
安道国际

曹宇英

安道国际总经理、首席设计师

曹宇英长期致力于以景观的跨界思维对中国城市规划和建筑设计的可持续发展进行研究，并结合景观设计学的发展趋势，提出了"走向大景观"的理论。多年来，曹宇英先生主持了多个大型项目，获得了国内外的一致赞誉。

现代主义之后的景观价值思考

后现代时期是一个物质与文化极度丰富的时期，随之而来的复杂环境也常常令人感到困惑，加之日益严峻的环境问题，景观设计的意义已经不再是建筑背后的简单装饰主义，也不是被赋予生态主义的神圣光环而与大众审美的背离。安道认为，景观设计的核心是传递和塑造环境价值，这种价值可以表现为商业的，可以是社会的，当然也可以是艺术的。

安道长期以来致力于地产景观的研究与设计实践，为客户造就最有价值的物业和环境资产。从短期来讲，通过景观的塑造提升物业的商业价值，让物业更有市场竞争力，使景观成为商业地产增值的重要手段。从长期角度来看，让物业保值度更高。好的景观设计不会逐渐荒废，而是随着时间的推移而更加接近完美，景观可以降低物业在时间的磨损中价值的流失。

安道是一个有着社会责任感的公司，除了景观的商业价值，我们更看中其社会价值。在商业项目的设计中，我们所设计的不仅是一个简单的景观形态，已经成为社会经济的一部分。我们通过将空间、设施等各种要素巧妙结合，将各种因素维持在合理有序的状态，最大限度地创造价值，有效地组织商业行为。在城市公共项目设计中，通过对每一个场地历史、文化及人文状态的考察，为每一个项目赋予独特的风格、内涵及一系列外在表现形式，使之成为城市的一部分，与城市发展同步。随着城市化进程的加速，一系列的环境问题随之而来。安道的生态设计团队与环境学家、生态专家、植物学家一起，保护与重建自然生态系统。通过对水体、植被等的合理规划，加强对土地的保护与尊重，努力塑造健康协调的自然与城市环境。

以环境基底作为景观框架，建筑和基础设施成为景观的延续，把景观作为所有自然过程和人文过程的载体，利用景观来重新组织城市形态和空间。安道的城市规划团队以景观都市主义的理念为指导，力图创造一个经济、社会和环境协调发展的城市空间。

安道这些年的实践，很大一部分精力都花在"景观增值"上，这需要耐心，更需要定力，同时也可以反过来解释为何近5年来安道都没有像国内很多景观公司一样进行大规模的业务扩张，而是将自身定位于每个项目高标准的实践认知，也唯有如此，方可为客户、为社会实现一个持久而稳定的价值之源。

DONGDA LANDSCAPE DESIGN
东大景观设计有限公司

《设计家》：请谈谈贵公司的发展历程。有哪些重要的阶段？

东大景观是在 2001 年成立的，2001—2003 年属于创业阶段，人员从 4 人逐步增加至 25 人，通过深圳海上田园、东莞行政文化中心广场等几个较大型的市政及旅游项目的设计与实施，奠定了公司的设计理念和基本的发展思路，初步确定了公司的基本设计流程、设计标准等。

2004—2007 年是公司快速扩展阶段，人员扩增至 70 人，设立了上海分公司，在以长三角、珠三角为主的全国大部分省份地区承接项目，项目涵盖景观规划、旅游、市政广场、公园、道路、居住区、商业广场、城市地标等各类型景观设计，在多个地区设计并建设完成具有一定影响力的景观作品，并与多个城市政府或知名地产公司结成长期友好的合作关系。

2008 年至今，是公司的成熟发展期，人员基本保持在近百人的规模，在多年积累的设计经验基础上，进一步优化完善公司的各项机制，同时对项目的成果监控、设计的效率提高、人员培训等多方面进行逐步提升。

《设计家》：贵公司一贯的设计主张是什么？

东大景观提倡的理念是：秉承设计师在城市发展中应尽的社会责任，致力于参与及推动提升城市形象，从功能、生态、文化出发，引导推动生态环保的可持续发展理念，改善城市公共景观环境，改变人们的公共生活方式，提升公共生活品质。

东大强调"方案的创意与可操作性并重、设计与后期服务并重"的设计思想，以"健康发展"作为公司文化的核心理念。

《设计家》：代表作品有哪些？

市政类：深圳海上田园旅游度假区，东莞行政文化中心广场（即东莞新中心区景观），青岛新天地，胶州跃进河两岸景观规划及如意湖公园，东莞绿色世界及东莞植物园，深圳香蜜湖东亚国际风情街景观改造，深圳福保国际风情街改造，深圳创业路改造，深圳台湾美食街，南京江宁竹山路、天印路、宏景路等道路改造，东莞大酒店，东营陶然公园等。

商业地产类：苏州圆融时代广场、深圳市太古城花园、广西南宁美泉 1612、广西南宁紫金苑、泰州华侨城温泉 SPA、常熟招商文化商业广场、杭州金地自在城、上海金地格林郡、宁波及南京万达商业广场等。

《设计家》：近年来，贵公司在设计实践中重点关注了哪些问题？产生了怎样的思考？

多年来在设计中有大量问题引起我们的关注与思考，其中包括：如何平衡方案的理想化与实际施工的可操作性，如何引导政府平衡建设进度与自然生长规律，如何保证方案在实施过程中得到最完整的落实，如何真正地通过设计反映地方文化特质等。

《设计家》：贵公司在工作中遇到过哪些困难？从哪些地方得到过启发和鼓励？又是如何解决的？

设计工作总是不断地遇到挑战，不断地调整以解决问题。如设计中遇到市政项目提出的不合理的进度要求，如坚持正常进度可能导致政府工作出现问题；如按要求赶图，则在图纸质量方面将有所下降。解决的办法是分批提交，以适应其进度需求，同时留充足的时间在方案推敲上尽量完善。又如设计完成后施工却不按设计落实，则需在设计中尽量考虑周全，同时多在实施现场协调配合，以保证实施质量。

《设计家》： 以上谈到的思考对贵公司的设计工作有何影响？

对设计的影响，就是在方案阶段应考虑更多与实施相关的问题，做到尽量合理与可操作性强，如造价、施工工艺、材料等，通过各方面细节的推敲保证最终的实施效果。评判一个方案好坏，需要有超前的理念，也需要通过最终的实施效果及使用效果来作依据。

《设计家》： 请谈谈贵公司近期的重要项目。

广西南宁美泉1612,已建成大部分,方案创意强,主题鲜明,同时业主投以足够的重视度,非常尊重设计,施工单位的落实能力强,大乔木均采用全冠移植,施工完成后两个月已是绿意盎然、花团锦簇。

胶州如意湖公园,在建,项目规模庞大,通过大面积湖体解决城市排洪需求,同时形成新城的核心景观。基于周边规划进度,以绿化、地形等轻松易行的方式构成基本的景观背景,集中精力突出连续的景观轴及串联其上的节点,主次分明,利于整个项目的顺利运作与落实。

《设计家》 请跟我们分享一下接下来的计划及期待。今后,贵公司又将贯彻怎样的设计理念呢？

计划是继续通过更多更好的城市市政项目建设来发挥我们强大的综合实力,同时与知名地产开发商加强合作,在旅游、商业、地产方面进一步拓展市场。

设计理念：方案的创意与可操作性并重、设计与后期服务并重。

PASNO LANDSCAPE ARCHITECTURE STUDIO
普梵思洛（亚洲）
景观规划设计事务所

《设计家》：请谈谈贵公司的发展历程。有哪些重要的阶段？

普梵思洛由美国景观设计师协会资深会员联合中国景观资深人士创立，是国内最具发展潜力、创新意识和国际视野的景观品牌设计平台机构。设计团队成员有来自美国等外籍设计总监及国内一线景观品牌设计机构设计总监、技术总监及各专业主控资深景观设计师，核心专业团队在国内外一线品牌设计机构均至少有 10 年以上项目丰富实践操作经验。凭借较高起点、优质的设计和到位的服务，公司稳健发展，逐步在国内市场打响品牌，口碑较好。公司最重要的发展阶段是 2009 年下半年，通过成功参与万科、华润、荣和、正荣、世茂等几个重要项目的设计，为打开局面奠定了基础。

《设计家》：贵公司一贯的设计主张是什么？

撇开其他的大口号或过于学术性的观点不谈，我们认为设计能最大限度地做到以人为本就很不错了，但说起来容易做起来难。我们还提倡限额设计，在有效成本造价范围内打造最大化的景观效果，为客户最大化节约景观造价成本，通过好的景观效果创造楼盘高附加值。

《设计家》：代表作品有哪些？

近几年来，公司代表作品有荣和山水绿城、世茂厦门湖滨首府、正荣福州润城、正荣莆田御品兰湾、世茂厦门湖滨首府、卓信龙岭、华润二十四城等，有近十种不同风格、不同格调的作品。

《设计家》：近年来，贵公司在设计实践中重点关注了哪些问题？产生了怎么样的思考？

坚持以人为本，注重产品细节的把握，不断地在实践中将其融汇贯通，切切实实地落实它。

《设计家》：请和我们分享一下接下来的计划，今后贵公司又有怎么样的设计理念呢？

公司下一步要做的是狠抓设计质量，努力打造一个更成熟精干的队伍。今后的设计方向，总的来说将是以生态设计理念为基础，坚持走一条符合公司自身特色的个性化设计道路，设计出更有自身特色的作品。

W & R GROUP
水石国际

《设计家》：请谈谈贵公司的发展历程。有哪些重要的阶段？

水石景观环境设计公司诞生在一个百废待兴的年代——上世纪 90 年代末期，1999 年，对于景观这个行业来说，那几乎是一个一张白纸的年代，一切都等待有志青年去描绘，去实践！其发展也经历着三个关键的阶段：创立起步、摸索积累、蓄势而发。

"创立起步"阶段，正如同许多类似的设计机构一样，处于人员少，项目少，经验少；一腔无畏的热情和苦干支撑着公司的生存与发展。

"摸索积累"阶段，我们逐渐形成了在景观设计领域形成全过程的专业化服务能力，尤其在"精品住宅"、"产业园区"、"文化商业"和"城市公园"四个领域积累了较为丰富的经验，并逐渐摸索出具有水石特征的企业管理运营方法；同时，我们与其他同人一起创立并打造 "水石国际"设计服务平台！

"蓄势而发"阶段，目前我们正与"水石国际"其他成员机构一道，进一步稳固并拓展核心技术能力，向规模化、职业化、高品质的设计咨询平台迈进。

《设计家》：贵公司一贯的设计主张是什么？

水石景观力争成为一个"懂市场"的专业型设计服务机构，强调设计创造价值，倡导精细化的景观设计，希望通过丰富的知识结构，完成具有专业水平的景观建成作品。

《设计家》：代表作品有哪些？

近年来的代表作品有：上海城市雕塑艺术中心、绿地集团南昌未来城、上海现代农业服务中心、鲁能集团三亚湾高尔夫别墅，以及海信地产麦岛金岸项目等。

《设计家》：近年来，贵公司在设计实践中重点关注了哪些问题？产生了怎样的思考？并对贵公司的设计工作有何影响？

在当前形势下，开发商与建设机构对景观设计的要求越来越高，景观设计介入项目的时间表日益提前，设计工作面不断扩大，设计的复杂度不断增加，因而设计的深度与精度都需要与时俱进。

我们在景观设计领域率先提出了"精细化设计"，精细化设计是设计精细化的职业工具。我们的精细化设计不但提供给普遍年轻的设计团队以"工具"，通过设计工具的使用，规范个体的"设计动作"——使年轻设计师快速抓住设计要领，做出精细作品；通过标准"动作"的不断实践，进而影响大脑的活动——"时习之，则素养成"。我们针对四个景观设计阶段中的八大方面的 36 个动作开发了与之对应的专业工具，其中不但包括设计优化、策略研究、定量分析、表达验证、图纸控制等多个工具，还包括软景设计的精力分配、图纸标准等独特方法，这些都将帮助塑造年轻设计师的"举手投足"，不但不会限制他们的创造力，还会让他们尽快融入到职业角色中去。

《设计家》：请谈谈贵公司近期的重要项目。

近期的重点项目基本涵盖了我们的核心技术能力。其中，产业园领域的绿地集团南昌未来城，其为大型复合产业园，含办公、商业、绿带以及居住类型，为中南地区的重要代表。办公研发类项目的代表是海信集团研发中心，这是海信集团的核心功能性项目，位于青岛崂山脚下，为大型创智研发型景观环境；地产类重要项目包括位于滨海的海信地产麦岛 D 地块，这是目前青岛市场中最高端的独栋产品，有极高的品质要求。

SHENZHEN HEXIAOQIANG LANDSCAPE DESIGN
深圳市何小强景观设计有限公司

何小强

深圳市何小强景观设计有限公司设计总监

1971 年出生，景观、建筑和室内设计师。现任深圳市何小强景观设计有限公司设计总监。他积极倡导并践行"整体协同设计"的理念，主张尊重自然、崇尚人文的景观设计，并着力于高端会所、酒店及别墅的建筑及景观研究设计工作。

毕业学校：重庆建筑大学
从业时间：1997 年
个人简历：
2007 年 8 月—2010 年 8 月　何小强工作室设计总监
2006 年 10 月—2007 年 7 月　深圳市东大景观设计有限公司设计总监
2002 年 5 月—2006 年 5 月　中建国际（深圳）设计顾问有限公司高级景观建筑师、主任设计师、项目经理
2000 年 11 月—2002 年 5 月　深圳市赛野环境景观设计有限公司
方案主创建筑师、项目经理、董事副总经理
1997 年 7 月—2000 年 10 月　中国兵器工业部第五设计研究院（北京）建筑师

《设计家》：请谈谈贵公司的发展历程。有哪些重要的阶段？

深圳市何小强景观设计有限公司是一个关注系统整体协同设计的设计团队，是在理想和现实中不断反思和成长的团队。公司的前身是何小强工作室。5 年前与美国 STEVENHOLL+CCDI 合作万科中心景观设计时是工作室成立的雏形。经过几年的成长，公司已具备一定的实力，同时也得到市场和行业的认可。公司的发展不以成熟为终极目标，而以终身成长为自身发展理念。

《设计家》：贵公司一贯的设计主张是什么？

深圳市何小强景观设计有限公司自成立以来，将"整体协同设计"作为公司的核心理念和行为准则，一直致力于为客户提供全方位的解决方案和高品质、全程化的服务。整体协同设计的核心就是站在项目整体品质立场上进行系统化设计，从而突破行业壁垒以及各自为政的传统设计模式，实现合作多方共赢。

深圳市何小强景观设计有限公司作为"整体协同设计"的倡导者和坚定的实践者，其设计宗旨是以人为本，顺应自然。即还原设计的本原质感，尽量避免与设计无关的矫揉造作和重复浪费。同时，提倡寻求项目的特质、品质和真相，从而为客户提供按项目特点、场所精神及商业运作等需求量身定制的设计作品。

《设计家》：代表作品有哪些？

公司代表作有：缅甸仰光新城规划设计、马来西亚吉隆坡 PANTAI 生态公园景观设计、缅甸仰光自然世界公园景观设计、万科中心（万科集团总部）景观设计、万科华大基因研究中心景观设计、深圳麒麟山庄景观改造设计、深圳东部华侨南区高尔夫球场景观设计、海口海岛梦公园设计、中国西部大峡谷温泉度假村景观设计、深圳地铁前海项目景观设计、东莞希尔顿酒店景观设计、深圳红树林生态公园景观设计、昆明市海埂公园升级改造设计、重庆鹏汇星耀天地会所示范区景观设计等。

《设计家》：近年来，贵公司在设计实践中重点关注了哪些问题？产生了怎么样的思考？

公司在设计实践中主要关注人与自然的关系和人在环境中的感知。公司在设计方面的核心理念就是：回归自然的设计，倡导人文的设计，重塑生态的设计，体现经济的设计。

《设计家》：贵公司在工作中遇到过哪些困难？从哪些地方得到过启发和鼓励？又是如何解决的？

我们在工作中遇到的主要困难是将设计图纸转化为实景。由于目前行业壁垒较为严重，行业之间的配合较弱，造成项目实施时的接口问题多，这直接影响项目的质量。解决这一难题的方法就是积极运用我们倡导的"整体协同设计"。

《设计家》：以上谈到的思考对贵公司的设计工作有何影响？

通过"整体协同设计"是我们了解到不同行业的特点和要求，使我们的设计水平有了很大的提高。同时，通过"整体协同设计"也使我们的工作方法和设计模式显得与众不同。这对于我们避免行业同质竞争有着重要的意义。

《设计家》：请谈谈贵公司近期的重要项目。

近期的重要项目是与重庆梵天房地产企业管理有限公司合作的重庆鹏汇星耀天地项目示范区景观设计，它包括三部分，即悬空会所、体验公园、艺术样板房。三部分既相互独立又相互联系。这是一个极富挑战的项目，也是我们对新亚洲设计风格的一次有意义的尝试，目前此项目已在当地取得较为轰动的市场影响力。此外，我们正和国际专业酒店管理公司合作相关酒店建筑和景观设计，这将是我们多年来一直致力研究和设计顶级精品酒店所获知识体系的演练和实践。

《设计家》：请跟我们分享一下接下来的计划及期待。今后，贵公司又将贯彻怎样的设计理念呢?

2013 年将是我们公司关键的一年，我们将继续坚持"整体协同设计"的理念和工作方法。同时，争取在精品度假村的理论和实践上更进一步，使我们在这个领域的知识结构更加完善。我们将始终贯彻公司的核心理念，即自然、人文、生态、经济。

SUSTAINABILITY: NOT A CHECKLIST, BUT INDEPENDENT THINKING AND CREATIVITY

可持续实践：不是"清单"，是独立思考和创造性

汤姆·里德
汤姆·里德景观设计事务所董事长兼设计总监

1. 技艺和表达能力——通往设计之路的关键

我从小就很喜欢动手制作或建造各种东西，也经常写一些离奇的自然故事。我母亲是作家也是老师，我父亲对园艺很感兴趣——他非常热衷种植，比如培育杂交杜鹃花、种植果树，后来甚至运作了一个很大的苹果园作为业余爱好。我想我自己也一定感染了他的爱好，所以当发现大学竟有风景园林专业的时候，我觉得这简直是与此类爱好的一个有趣结合。直到现在我依然觉得如此。工作之余，我与其说是提供设计服务，倒不如说是表达情感和进行实验的手段。

我认为通向一名设计师的发展之路有两个关键部分，一是学习技艺，一是表达能力。技艺首先来自于学校教育，伴随而来的通常还有一套先入为主的价值观。出了学校就是检验这些价值观的过程，那些比较贴近其个性的方面，就会沉淀、保留和生长起来，并影响到他们在该领域的发展方向。除了学校，大多数技艺都是在早期学徒式的实践里获得的，至于我，是在彼得沃克景观设计事务所实习得到的。在那里，我加深了对建造的兴趣，思考和实践的能力都得到了长足的发展。

表达能力的具备有一个过程。它开始于一个人能够同时对学校教育和早期实践的价值观进行反思之时。表达能力的中心点在于，当他开始对工作的目的发出疑问：这是为谁而做？为什么我们要这样做？我们的角色是什么？当你必须与更多的观众、决策人、智者交流的时候，就会变得真诚起来——因为此刻的你是一个孤立的个体，必须向他们展示自己的信念，以及说服并启发人们去想象的能力。我对类似于"我们是正确的"、"这就是思考问题的方式"等约定俗成的价值和方法，总是持怀疑的态度。我对加入思潮或是"主义"之类的事情是比较抗拒的，特别是某些充满道德感的观念，比如现今的"可持续"。这在我看来却是一种会让你脱离正确独立思考，同时磨灭创造力的事情。我认为最好的方式，是向艺术家看齐，他们的脑海里永远不会停止对问题的探索和重建，并且总是在个体体验和想象中接受评判。对我来说这才是目标所在。所以这里我要跟所有人推荐一本书，是 Lawrence Weschler 写艺术家罗伯特·爱尔文早期的职业生涯的，书名是 "Seeing is Forgetting the Name of the Thing One Sees"，请都来读读吧！提高辨别事物的能力是很重要的，不要人云亦云。在设计景观的过程中，设计师必须表现得像一个自由思考的学生——不光是对基地，还有客户和社区，都需要花时间去聆听和反思。尽管时间有时非常宝贵，但它可以让人沉下心去思考，从而找到独一无二和富有责任性的解决方案，同时也是原创的。原创性只有在认真地去看和听时才会发生。这也很需要胆识——例如"为什么不是这样？如何扭转局面？"，只有放开无用的约束，才能发现事物究竟是怎么一回事。

在商业化环境下，可持续实践到底是什么？我们所面临的一个最大的问题是，设计师工作的商业化。现如今中国也表现出很多类似美国消费社会的种种特征。客户和城市领导人经常会问："能把这个放到我们的城市吗？"对其他地方的地标性项目或特别样式的简单复制，导致设计师完全失去了为当地项目的独特性和固有性质工作的可能，更不用说原创或者跟特殊群体产生共鸣了。这就是为什么真正地去看和听，获取表面价值下的内容显得如此重要了。

可持续实践应当是我们如何实践的无意识部分，像遵守建筑条例一般。任何项目都不会因为遵循了建筑条例而获奖或被赞誉，这只是基本义务。真正能使公众响应的是故事，一个经过转化后能唤起他回忆的、吸引他们的诗意故事。我们需要这种上升到艺术和体验水平的故事。

美国的伯明翰铁路公园，算是迄今为止我职业生涯里最有收益的一个项目。公园中有一座铁路高架桥

和 11 条轨道线，铁路公园就此得名。20 世纪 60 年代以前，这里的钢铁生产工业一直都是伯明翰市的中心支柱产业，这里的人会对火车运输有着特殊的情感，跟起源于河流或海湾的城市不同，伯明翰的"母亲河"是铁路。由于预算较紧，我们回收利用了基地的所有可以利用的材料，既有效地利用了资源，又节省了施工时间；同时依据地势和地形来构造公园——在公园南部挖掘了湖泊和河流，挖出的土方又填进了临近轨道的地方，营造了高低起伏的小山丘。铁路连接着绵延的山丘和桥梁，成为一座高架列车观赏平台，绕着公园提供循环不断的景观观赏。我们其实并不用去"建造"什么，我们只是提供给人们一个新的方式去观察和感知这里，它的情绪，声音和火车开过时的微弱震颤。这个耗时 5 年、面积 76890 平方米的城市公共空间，收到的反响很好，它让人感觉到这正是为他们设计的。

2. 工作在中国：希望未来重要的本土景观由中国人设计

在中国工作，由于文化的不同，所以需要很多的技巧和天赋。通常我们所作的努力就是剔除"舶来"的观念和形式（尽管我们自己就是外国人）。我们尝试劝导人们意识到现存事物的价值，以及如何去在依靠它们的基础上巩固现有的自然元素。这将使得一个景观更加牢固地根植当地，保存资源。让景观帮助人们导向另一种生活方式，回归到那个水清天蓝的年代。对美国人来说，在这里，工作的步调是既让人兴奋又令人忧惧的。和在美国繁文缛节的手续相比，许多事情在中国可以短时间内达成。关键是找到一个与之俱进的方式，并投入足够长的时间确保观念在物理结果上是对的。与中国伙伴合作也是非常关键的，中国景观合作人的能力和成熟度都在日益增强。虽然从商业角度我可能不该这么说，但我仍然期待有一天，许多重要的项目都可以由有天分的中国设计师来完成，因为他们比任何人都更清楚如何恢复中国的文化和自然之间的平衡。

TRAVEL ESTATE: A GOOD RETURN TO THE NATRUE AND INDIGENOUS

旅游地产：要对自然和原居民有一个好的回报

刘昱

旅游规划院院长
副总经理兼设计总监

教育背景：
清华大学建筑学院建筑学学士学位

工作经历：
ECOLAND 易兰集团旅游规划院院长
EDSA（亚洲）设计事务所项目负责人、高级设计师
五合国际项目负责人、规划师
北京云翔建筑设计工程公司建筑师

工作业绩：
十多年的国内外项目规划及建筑设计经验，曾先后主持过许多大型项目。范围涉及项目前期策划、土地利用、旅游度假及酒店规划、市政项目、居住区规划、城市规划及景观设计等众多领域。他在多个大型项目中展现出超凡的设计能力，给开发商和投资商们创造出巨大的商业价值。

《设计家》：ECOLAND 易兰一直提倡"大景观"的设计理念，您能具体谈谈这个理念吗？

多年前，我在清华大学读书的时候，是攻读建筑专业，同时，又受到传统景观设计理念的影响，我曾一度认为景观设计是在规划和建筑设计完成之后才进行的，它更多的是一个"填空"的过程。在易兰，我们的首席设计师陈跃中先生从国外带来的"大景观"理念把我之前对景观的认识彻底颠覆了。这种理念主要是指：用生态景观的原则来指导城市的发展布局，强调总体的景观规划设计先行，在景观规划师确立总体布局、优先考虑生态环境的条件下，景观规划师、建筑师和其他专业技术人员进行配合的设计模式。这是"大景观"理念最核心的一个出发点，而不是传统意义上的"造园"以及"环境小品设计"、"种草种树"等观念，实际上它是一种大作为。

当然，这种理念并不是说不考虑功能、交通、建筑这些要素，而是说，景观、建筑和公共交通等一些因素之间是有机融合的，我们所要做的是一个平衡的考虑，为了使大景观理念真正实践于我们的项目中，易兰是拥有中国城乡规划甲级资质、建筑工程甲级资质和风景园林专项资质三项设计资质的。比如，在我们旅游规划院，我们有规划专业的人，有建筑专业的人，有景观专业的人，不同专业的人共同参与到一个项目中，每个人从各自不同的专业视角思考这个项目，经过共同的协商，最后取得一个平衡，我觉得这是一种比较好的做法。

《设计家》：您觉得在旅游类的项目中，景观设计的要领是什么？

我认为此类项目的规划、景观设计包含三个层面。第一个层面是功能层面，也是最基本的一个层面。我们作任何一个规划并不仅仅是给人看的，它之所以能够存活，是因为在功能上有一定的规律。比如说它的商业配套、景观功能、人的住宿分别停留在什么位置，还包括它的交通——机动车交通、人行交通怎么组织等。这些决定了一个项目的既定功能是否合理，项目是否能够存活。第二个层面是游客的体验和感受。在保证旅游区可以运行的情况下，自然环境是吸引游客前来的关键因素，所以这个层面主要是解决自然资源的利用问题，那么就要借自然之势，要凸显地域景观特色。比如一些道路和功能，对自然应采取借用或避让的态势，而不要因为道路、建筑、景观的存在，削弱自然因素。第三个层面对设计师而言更多的是一种责任的要求。一个项目不但要做到经营开发者可盈利，游客得到享受，还应该对自然有一个好的回报，对场地中的原有居民有一个好的回报。不能因为开发，原来的地貌遭到了破坏，原有的植被没有了，原有的水被污染了，原本生活在这里的居民失去了他们的生存手段。我觉得这些才是旅游度假区中景观规划与景观设计的核心所在。但现如今，这个层面往往是被忽略掉的。

《设计家》：您能不能具体谈一两个近期代表性的项目，怎样在其中体现以上这些理念？

例如我们在海南三亚所做的呀诺达热带雨林度假区项目，我们希望把旅游开发和当地一些原生态的生产、生活方式以及景观作一种结合，让当地的原住民在旅游开发中取得收益的同时，仍然能保留自己的生存方式。

我们将此项目的核心理念设定为凸显热带稻田风光。酒店的客房围绕着非常优美的稻田展开，游客不但能在客房里看到外面的稻田，还可以参与其中的劳作，感受原住民的生活环境。这样一来，不但体现了传统的农耕文化，让原有的稻田得到保留，原住民的生存手段得到保留，同时原住民还以土地入股的形式

参与这个项目，从旅游的收益中取得一些分红。

另外，我们对项目中的农舍进行改造时，并不像新农村建设一样，只解决生活质量问题，更重要的是反映原住民的居住文化，在建筑形式上反映黎族、苗族的传统文化，使其成为充满当地风情的建筑，成为游客眼中的景色。

虽然我们前面说的这些理念都非常好，但农民毕竟有他自己固有的生活方式，一些比较原始的东西也并不是游客所希望看到的。所以我们还作了一个双流线的设计，游客和原住民的流线分别像人的左右手，游客和原住民各走各的流线，双方交会的地方是稻田，也是大家都欣赏的、最美的风景。除此之外，双方各自有着完整的区域。

《设计家》：目前，很多开发商都愿意投入很大的资金去做旅游地产，作为景观设计师，您对旅游地产有什么样的看法？

我觉得旅游地产是未来中国地产非常重要的一个发展方向。随着我国城市化进程的逐步发展，随着人民收入的提高，他们会有更多享受自然的需求。首先，旅游地产这个市场是一个大有可为的市场；其次，在这个领域中，从规划到景观设计，都是陈总提的"大景观"理念非常适合的区域。这种理念在北京、上海这种国际性的大都市未必能够得到最好的体现。但是，从旅游地产的角度来看，这种理念是非常适合在我国推广的。

实际上，旅游地产的核心要求更多的是在第三个层面。现在大多的市场和客户已经意识到了第一、第二层面，但是怎样更好地保护好生态环境，并随着旅游地产的开发、植入，为原住民提供更好的生活保障，这些才是至关重要的。这也是目前我国政府面临的一个严峻的问题。比如说在海南等地，随着旅游地产的开发，农民的土地被占用了，表面上短时间内他们的生活得到了改善，但是未来他们靠什么为生，这是一个很大的社会问题，我们应该在这方面做更多的思考和努力。

《设计家》：今后您和您团队的发展方向是不是仍专注在旅游地产这一块？有没有近期或者是长远的工作目标？

一定是的，旅游地产是我们 ECOLAND 易兰的一个核心业务，也是我们公司核心理念得以体现的一个非

常重要的领域。

　　我们希望在市场站稳脚跟，处在一个领先地位之后，来引导市场。一方面是对生态环境的关注，另一方面我们希望做一些符合当地文化、带有当下特征的一些设计。

　　目前中国的地产市场，充斥着强烈的西方色彩。但是，随着市场的发展，在设计师的努力引导下，把我们的本土文化表现出来，这肯定是市场发展的方向。同时，也希望我们的作品是和时代精神相契合的，具有当代中国文化特色的。我们并不想把中国传统的苏州园林按原貌复制出来，而是在中国古典园林文化的基础上，取其精华，将中国传统的价值观在景观设计中体现出来。

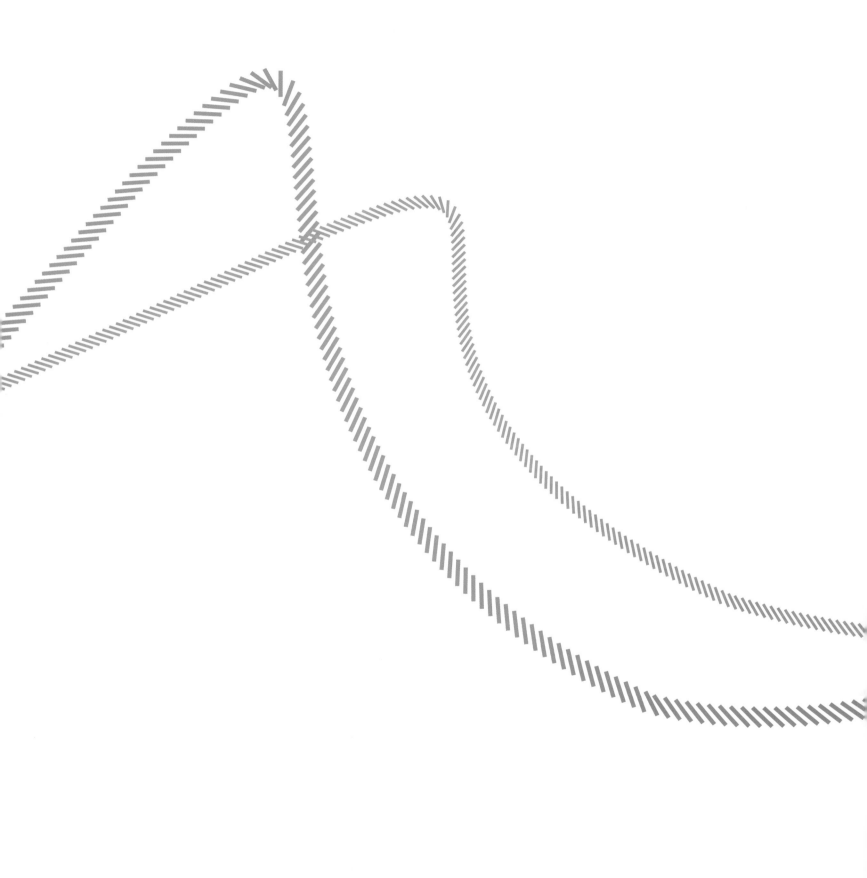

TOURISM AREA AND HOTEL

旅游度假及酒店

HANGZHOU NAKED STABLES PRIVATE RESERVE

杭州裸心 | 谷

项目地点：浙江杭州莫干山

建成时间：2011年

项目面积：9 714平方米

设计单位：BENWOODSTUDIO SHANGHAI 上海工作室

裸心 | 谷的设计美学将非洲与亚洲元素相融合，将非洲大地自然的友好与亲近带入了这个亚洲景致中。所有建筑的设计均最大限度地减少对环境的影响，并注重与周边环境的融合。设计采用了创新的施工技术，如：预制结构隔热板运用到树顶别墅的建造中。

会所及夯土草屋采用新型可持续建筑技术——由当地的泥土压制而成的夯土墙体建造，使得建筑实现环境友好的同时，具有独特的彩色条纹视觉效果。

除了采用前沿的技术之外，我们还使用了传统的建造技术，如：石翼墙、竹子、可循环利用的木架结构及传统的土墙施工工艺。这些努力共同实现了这个犹如从自然中生长出的、多样的、独特的建筑群体。

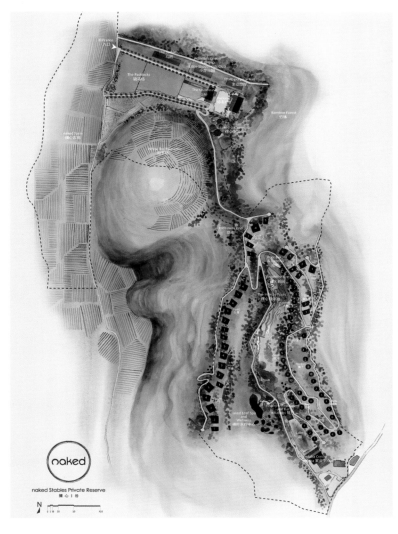

HAINAN SHIMEI BAY YACHT CLUB

海南石梅湾游艇会所

业主名字：海南华润石梅湾旅游开发有限公司

设计时间：2011年

建成时间：2013年5月

项目面积：25 000平方米

设计单位：奥雅设计集团

石梅湾位于海南省万宁县东南沿岸，三面环山，一面向海，山形秀丽，由两个形如星月的海湾组成，拥有长达6公里的碧海银滩。

景观设计演绎了低调的奢华感。用简单的手法营造私密性强的花园式景观，强调"平静，低调，小众与高品位"氛围。景观的总体概念非常简单，以植物造景为主，少硬景，突出游艇会所的视觉焦点。设计中，以堤岸为景观主体，依托交通流线来建立空间骨架，理顺了公共空间和私密空间的关系，同时使用"有生命"的自然材料，体现自然的魅力，强化个人的感受。景观设计从整体上为客人营造了一个从"看见"到"进入"的完美"到达"体验。

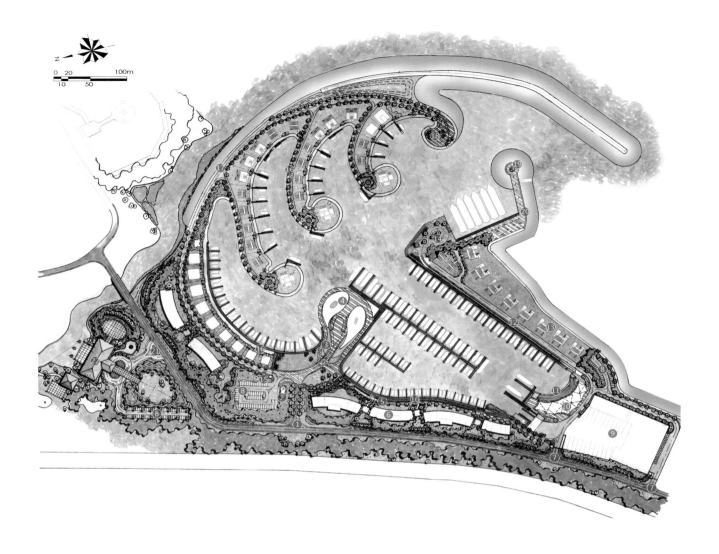

FL0

MARINA

FL4.40 FL4.60   FL3.00

极端WL0.896~2.314
设计WL-0.26~1.414   FL3.50   FL3.00

SANYA PHOENIX WATERSIDE GLORIA RESORT

三亚凤凰水城凯莱度假酒店

业主名字：三亚凤凰水城开发有限公司

设计时间：2010年8月

建成时间：2011年12月

项目面积：约25 000平方米

设计单位：奥雅设计集团

该项目位于海南著名的热带海滨旅游城市和海港城市三亚，设计师们结合当地独特的人文特质和环境特性，创造出一个热带的、自然式的、高档的、时尚的现代景观。

设计的思路是通过提炼海南风情元素和当地手工艺品的特点，并将这些景观元素与国际风格相融合，再加上现代设计手法，营造独特的、多样的旅游度假体验与回忆。

设计策略主要有以下几点：

1.利用三亚著名的风景元素：岛屿、沙滩、水与棕榈。

2.对基于本地文化的设计元素与细节进行改写，参照海南当地的黎族文化，对他们的建筑、艺术与手工艺品进行独特与现

代方式的演绎。这不仅使项目保持了原汁原味的本土文化，同时还显得与众不同。

3.制造了高低不同、错落有致的空间体验与景象，营造了一种"不识庐山真面目，只缘身在此山中"的景观效果。

4.通过强调部分景观元素与种植，彰显主要空间，并突出了酒店到河流的主轴关系。

5.将整体空间分割成适合不同人群的特色空间，易于管理。

6.合理利用了项目前的河流，创造优美景观。

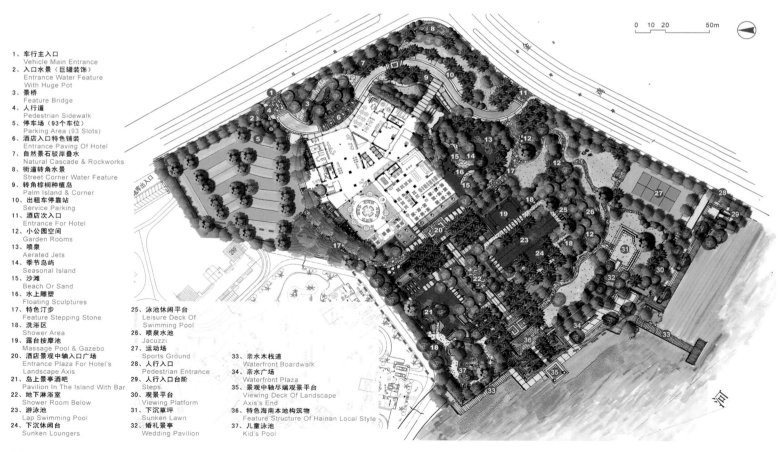

1、车行主入口
Vehicle Main Entrance
2、入口水景（巨罐装饰）
Entrance Water Feature With Huge Pot
3、景桥
Feature Bridge
4、人行道
Pedestrian Sidewalk
5、停车场（93个车位）
Parking Area (93 Slots)
6、酒店入口特色铺装
Entrance Paving Of Hotel
7、自然景石驳岸叠水
Natural Cascade & Rockworks
8、街道转角水景
Street Corner Water Feature
9、转角棕榈种植岛
Palm Island & Corner
10、出租车停靠站
Service Parking
11、酒店次入口
Entrance For Hotel
12、小公园空间
Garden Rooms
13、喷泉
Aerated Jets
14、季节岛屿
Seasonal Island
15、沙滩
Beach Or Sand
16、水上雕塑
Floating Sculptures
17、特色汀步
Feature Stepping Stone
18、洗浴区
Shower Area
19、露台按摩池
Massage Pool & Gazebo
20、酒店景观中轴入口广场
Entrance Plaza For Hotel's Landscape Axis
21、岛上景亭酒吧
Pavilion In The Island With Bar
22、地下淋浴室
Shower Room Below
23、游泳池
Lap Swimming Pool
24、下沉休闲台
Sunken Loungers

25、泳池休闲平台
Leisure Deck Of Swimming Pool
26、喷泉水池
Jacuzzi
27、运动场
Sports Ground
28、人行入口
Pedestrian Entrance
29、人行入口台阶
Steps
30、观景平台
Viewing Platform
31、下沉草坪
Sunken Lawn
32、婚礼景亭
Wedding Pavilion

33、亲水木栈道
Waterfront Boardwalk
34、亲水广场
Waterfront Plaza
35、景观中轴尽端观景平台
Viewing Deck Of Landscape Axis's End
36、特色海南本地构筑物
Feature Structure Of Hainan Local Style
37、儿童泳池
Kid's Pool

0 10 20   50m

鸟瞰图

分区一——主入口透视图

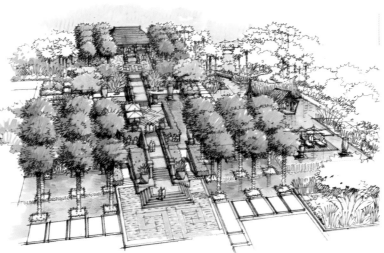

JIANGXI HENGMAO JINLUO BAY INTERNATIONAL LEISURE RESORTS

江西恒茂金罗湾国际休闲度假村

项目地点：江西宜春靖安县高胡镇山口村金罗湾旅游区

设计时间：2010年

建成时间：2013年

设计面积：50 000平方米

设计单位：日兴设计·上海兴田建筑工程设计事务所

设计主题为"桃源聚落"——砌石、台地、水的村落，从自然出发，探索中国式养生居所。

我们以无迹可寻的桃花源为橡子，以阳光、水、空气、土壤、植物为景观要素，遵循"天人合一"的中国哲学思想核心。天就是大自然，人就是人类，天人合一就是互相理解，结成友谊，人只是天地万物中的一小部分，人与自然是息息相关的一体。以天地之三宝"水、火、风"对应人之三宝"精、气、神"，提出"关注自我，关注内心，关注身体"的大哲学养生观，打造师法自然、源于自然、融于自然，少痕迹或者无痕迹的"裸景观"。

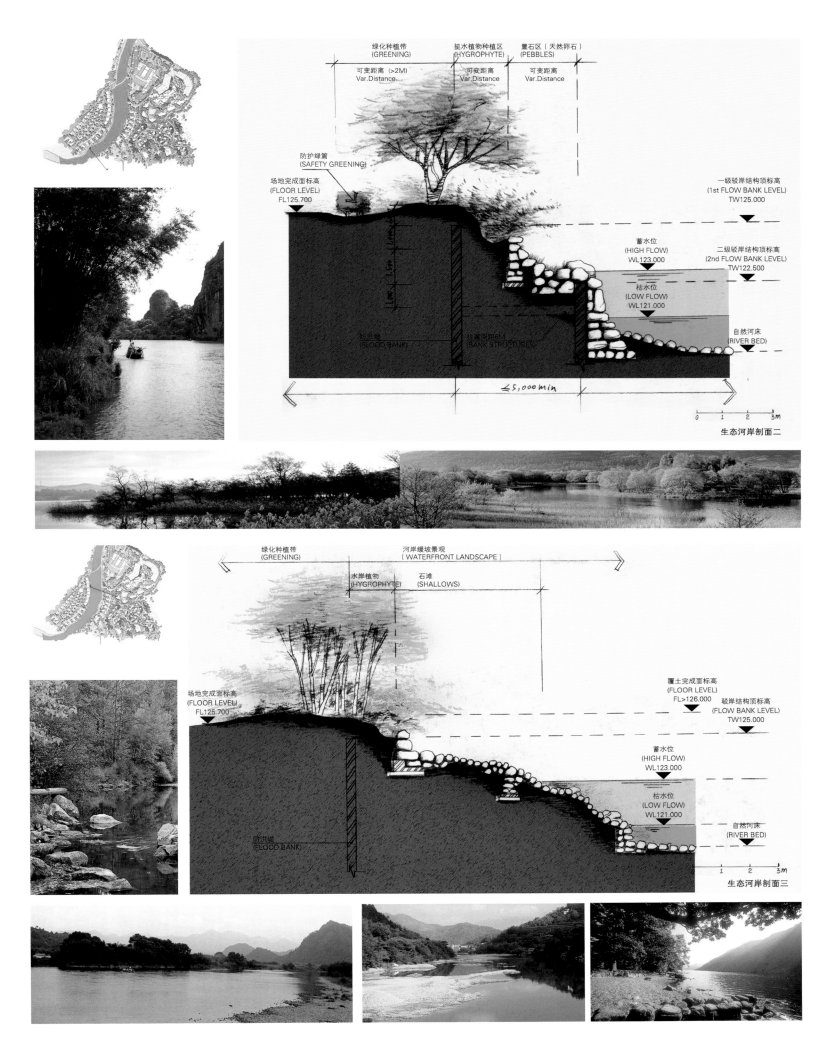

绿化种植带 (GREENING)　　挺水植物种植区 (HYGROPHYTE)　　置石区（天然卵石）(PEBBLES)

可变距离（>2M）Var.Distance　　可变距离 Var.Distance　　可变距离 Var.Distance

防护绿篱 (SAFETY GREENING)

场地完成面标高 (FLOOR LEVEL) FL125.700

一级驳岸结构顶标高 (1st FLOW BANK LEVEL) TW125.000

蓄水位 (HIGH FLOW) WL123.000

二级驳岸结构顶标高 (2nd FLOW BANK LEVEL) TW122.500

枯水位 (LOW FLOW) WL121.000

自然河床 (RIVER BED)

防洪墙 (FLOOD BANK)　　拉筋间距6M (BANK STRUCTURES)

≤5,000min

0　1　2　3m

生态河岸剖面二

绿化种植带 (GREENING)　　河岸缓坡景观 (WATERFRONT LANDSCAPE)

水岸植物 (HYGROPHYTE)　　石滩 (SHALLOWS)

覆土完成面标高 (FLOOR LEVEL) FL>126.000

驳岸结构顶标高 (FLOW BANK LEVEL) TW125.000

场地完成面标高 (FLOOR LEVEL) FL125.700

蓄水位 (HIGH FLOW) WL123.000

枯水位 (LOW FLOW) WL121.000

自然河床 (RIVER BED)

防洪墙 (FLOOD BANK)

1　2　3m

生态河岸剖面三

069

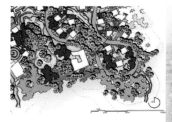

山地别墅区道路与山涧

山坡(HILLSIDE)　排水沟(DRAIN)　车行道(ROADWAY)　排水沟(DRAIN)　山涧(CREEK)　山坡(HILLSIDE)

挺水植物(HELOPHYTE)　湿生植物(HELOPHYTE)

6,000 min

山地别墅区山涧剖面

01 枯水溪流

02 枯水瀑布

03 日式苔原

04 枯山水白沙池

05 特色景石组

06 卧石与碎拼

07 背景种植

08 堆坡绿化

09 大卵石组景

10 公寓主路

11 阳光草坡

12 入户铺装

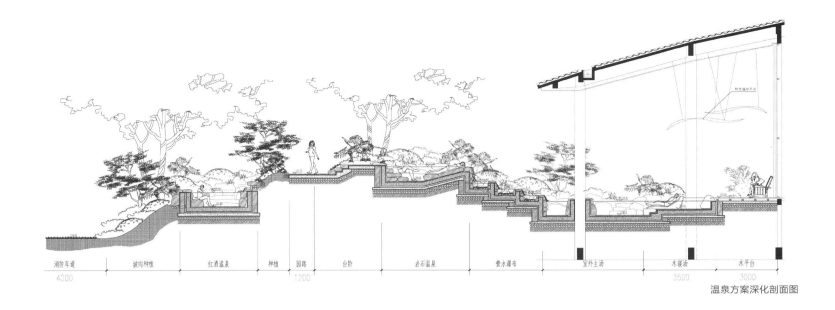

温泉方案深化剖面图

消防车道	披向种植	红香温泉	种植	园路	台阶	岩石温泉	叠水瀑布	室外主涵	木铺动	木平台
4000				1200					3500	3000

YANGZHOU TIANMU HOT SPRING RESORT

扬州天沐温泉度假村

项目地点：江苏扬州

设计时间：2008—2009年

建成时间：2009年

用地面积：115 065平方米

建筑占地面积：29 755平方米

设计单位：TOA诺风景观

扬州市是定居人口约有500万的江苏省南部主要城市。它以2500年的历史而自豪，与南京一并成为江南的代表，是充满浓郁历史人文气息的古城。扬州市中心有着绿植茂密的瘦西湖城市观光点，地位犹如西湖对于杭州市。此次是地方政府和开发商共同利用瘦西湖内一部分绿地而进行的温泉度假村的开发，这将会是扬州旅游的新景点。

规划设计中，以了解扬州人文，尊重扬州历史作为关键。扬州的繁盛期是在西汉中期、唐朝、清朝，以唐代诗人孟浩然为代表的文化名人，歌颂扬州的诗歌，数不胜数。我们把这些歌颂扬州的诗歌加以选择，提炼出14个关键词作为设计的主题，创建具有独特性和唯一性的温泉度假村形象。

中国与日本的温泉在概念上有较大的差异。在中国是男女老少穿着泳衣在一起享受温泉，一般是景点型温泉。而扬州温泉更接近日本温泉，强调融入自然，悠闲地享受。但同时我们也按照中国人的嗜好考虑设计了各种各样的功能性温泉，如玫瑰浴、牛奶浴、汉方浴等，这种类似日本的、纯粹地在自然环境中享受的温泉与景点型温泉是不同的，因而设置的温泉宽度更大了。

一期是以大厅为中心的中心水池，接下来露天温泉设施群及各种店铺已在2010年竣工开放。二期独栋型客房、附带露天澡堂的高级温泉旅馆、SPA工程现在尚未确定。

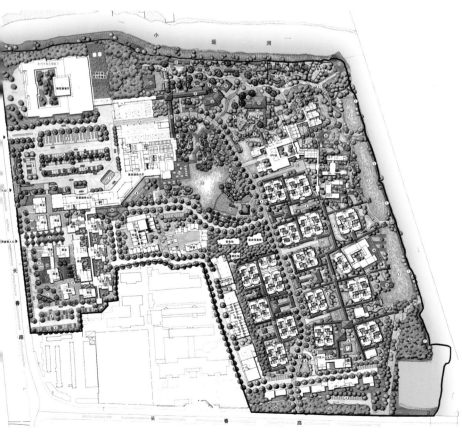

ZHOUZHUANG YUNHAI RESORT JAPANESE GARDEN

周庄云海度假村

项目地点：江苏昆山周庄镇

设计时间：2010年

建成时间：2010年

项目面积：6 000平方米

设计单位：TOA诺风景观

　　周庄位于苏州城东南，昆山的西南处，有"中国第一水乡"的美誉，距离苏州城约45公里，距离上海约100公里，是具有900多年历史的中国江南水乡古镇。

　　周庄凭借得天独厚的水乡古镇旅游资源，不断挖掘文化内涵，完善景区建设，丰富旅游内容。

　　基地是周庄镇云海度假酒店，将现有部分庭院改造为日式风格庭院的改造项目，我们活用原有的中式景观小品和现有大树，把枯山水、石组、溪流、竹篱笆等要素相组合，创造日本风格的庭院，营造空灵清远的空间氛围。不同的日式庭院景观元素组合后，形成石组庭、篱笆庭、回游庭、瀑布庭等8个重点不同的庭院，展现不同层面的景观空间。

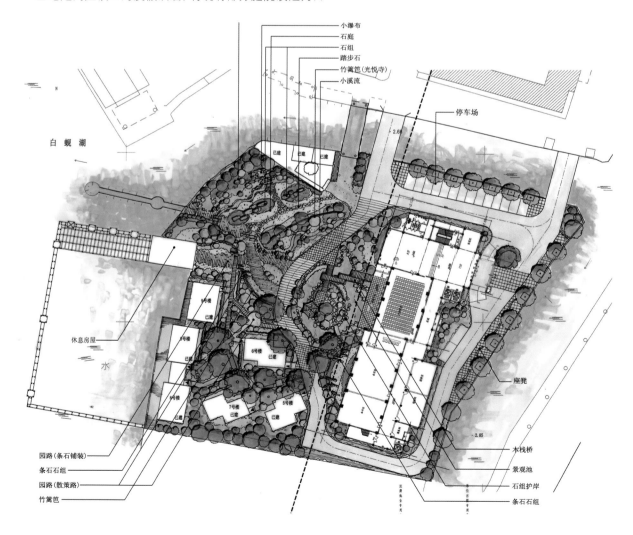

HANGZHOU QIANDAO HU RUNHE JIANGUO HOLIDAY HOTEL

杭州千岛湖润和建国度假酒店

项目地点：浙江杭州千岛湖
建成时间：2012年6月
设计单位：荷兰NITA

2012年6月16日，由荷兰NITA设计集团担当景观设计和工程顾问工作的千岛湖高端旅游度假综合体——润和建国度假酒店正式对外营业。千岛湖润和建国度假酒店由五星级建国度假酒店和20户别墅、排屋组成。度假酒店南临淳安县新旅游码头，北侧面向广阔的千岛湖中心湖区，三面环水，位于千岛湖旅游度假区的核心地带。

NITA设计的初衷是将度假村融入千岛湖绝美的自然环境中，使每一间房间都有最为美丽的视线展开面。在设计中注重使建筑群体顺应地势，退隐于绿化与山水之中，使建筑、环境和人的感受达到和谐统一。

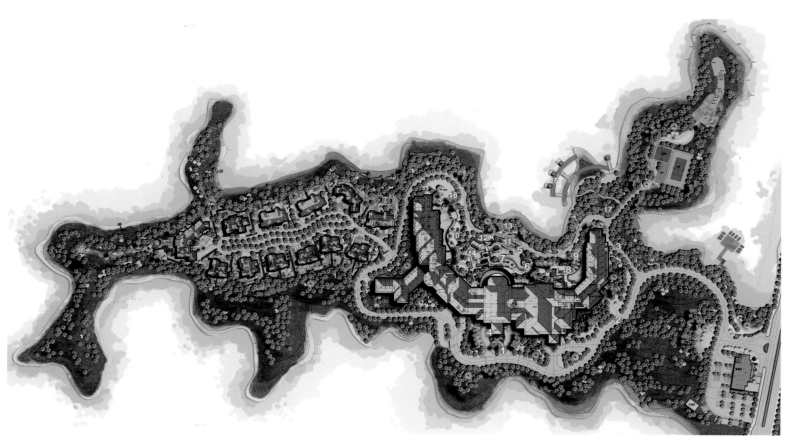

NARADA RESORT & SPA PERFUME BAY

海南香水湾君澜海景别墅酒店

项目地点：海南省三亚市香水湾君澜度假酒店

设计时间：2006—2010年

建成时间：2011年

项目面积：约87 000平方米

设计单位：AECOM

主要设计人员：蔡雅萍、DANIEL CORTEZA、陈萍君、NIMSRISUKKUL TORLARP、廖日明、游慧儿、RICHELLE FRANCISCO、PRAPINPONGSAKORN CHULAPHON、张志远、骆启江、卢笑玲

海南香水湾君澜位于香水湾，在牛岭之南，与亚龙湾、海棠湾一起构成中国热带海滨度假的黄金海岸。业主希望建造一座高品质的度假及SPA酒店，使其成为服务于成功人士及商业团体的休闲娱乐场所，成为中国最具有影响力的疗养场所。

结合现代中国式的建筑，景观设计以现代与传统相融合的中国风格为主，设计理念以传统的中国文化及当代中国的生活方式为基础。设计灵感源于中国历史文化内涵及基地的自然纹理，设计语汇上希望达到对中国传统文化及中国传统庭院设计的再诠释。

根据背山面海、北接自然田园的基地特点，将别墅由北到南分别定义为山景别墅、园景别墅及海景别墅，并将这一设计概念贯彻于场地竖向设计及景观设计当中。空间设计上，分别借鉴中国主要传统景观流派的设计手法。空间尺度由大到小，中轴线会所区域借鉴中国皇家园林的尊贵大气、对称规整；别墅间的花园空间汲取江南园林的清雅秀气、通幽自然；别墅内院贯彻岭南园林的中西结合、小中见大。

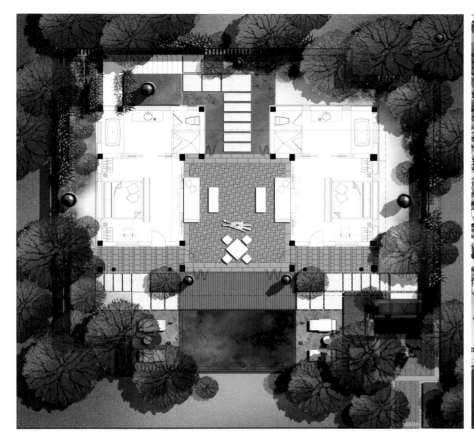

YUNNAN TENGCHONG HOT SPRING HOTEL LANDSCAPE DESIGN

云南腾冲温泉酒店景观设计

项目地点：云南腾冲

设计时间：2009年

建成时间：2011年

项目面积：32 000平方米

设计单位：澳斯派克（北京）景观规划设计有限公司

首席设计师：李伦

设计团队：何娅娅、袁伟峰、马珂

设计简介

    腾冲具有世界一级的地热资源，景观设计配合项目的总体定位，从当地丰富的自然、人文旅游资源中提炼出六大"印象"，以此项目为载体，形象生动地营造了"微缩"的腾冲景观特色，强调了体验在景观设计中的意义。

设计说明

    "印象热海"的案名包含了：

印象之一：碧云飞瀑，银河落地唱不尽热情

    利用现状地形的高差，在本区域的入口处形成了山间瀑布的景象，兼作一、二期连接处的节点。同时将热海碧云杉的logo设计在飞瀑叠石之间，使人在刚由主路进入酒店区域时，便形成一种荡涤心胸、融入自然的印象。

    在入口区的瀑布跌水区域，主要以成片的云杉、水杉以及械树等形成自然宜人的景象，并保证在一年四季中，这个区域都具有植物季相的丰富变化，给客人深刻的印象。

印象之二：落水山庄，层层叠叠乐山水自然

    利用建筑设计中留出的景观通道，并结合现状地形的差异，由西侧的高地形成水面，设置层层叠叠的自然巨岩，水流潺潺地从石间流过，最终汇入接待大堂前的铺装广场，形成一片静水。在入口区形成自然与人工水乳交融的景观，给人广迎八方宾客的印象。

    在入口处主要选用具有仪式感的棕榈、加拿列海枣等高大笔直的棕榈科植物，并点缀秋色叶树如鸡爪械等，以及当地的山茶花。表现出主人的热情，欢迎远道而来的客人。

印象之三：仙浴半岛，泉水潺潺天地人共醉

    SPA区域着力打造一个水中岛，营造水中SPA低调奢华的意境。植物的设计以边缘围合，中部围绕水系放开的手法，形成享受静谧SPA同时又可欣赏半岛水面及远处大地景观的意境。

    植物营造了热带雨林的梦幻天堂，并围合出各有特色的私密空间。

    主要选用乔木：王棕、棕榈、黄心夜合、赤桉火焰花、芭蕉、酒瓶椰子等。

    主要选用花灌木：剑兰、贝母兰、龟背竹等。

印象之四：世外桃源，庭院幽幽凌波踏绿苔

    作为高端的总统套，景观设计主要分为隐逸气息的入口景观区、充满禅意的中心枯山水庭院、低调奢华的半山高级SPA景观及观赏大地景观、令人心情愉悦的碧野清亭景观。

印象之五：溪谷千湾，莺啼千湾户户流深情

    溪流、石头、滨水植物、水鸟共同组成了如同项链一般的生态景观之链，连接起各户的入口，显著地提升了整个酒店的品质和舒适度。

印象之六：绿海观澜，碧野如波笑颜热海美

    利用地形设计出层层如梯田一般的大地景观，自然、简洁、浪漫而独特。

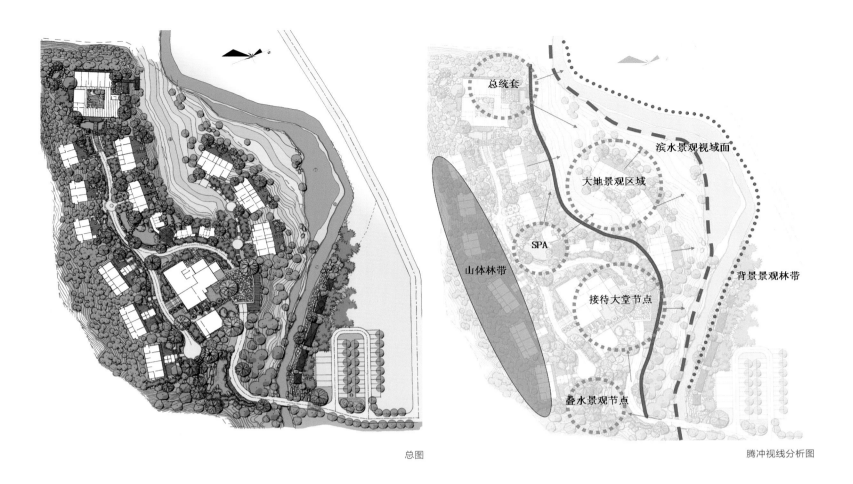

总图

腾冲视线分析图

总统套

滨水景观视域面

大地景观区域

SPA

山体林带

背景景观林带

接待大堂节点

叠水景观节点

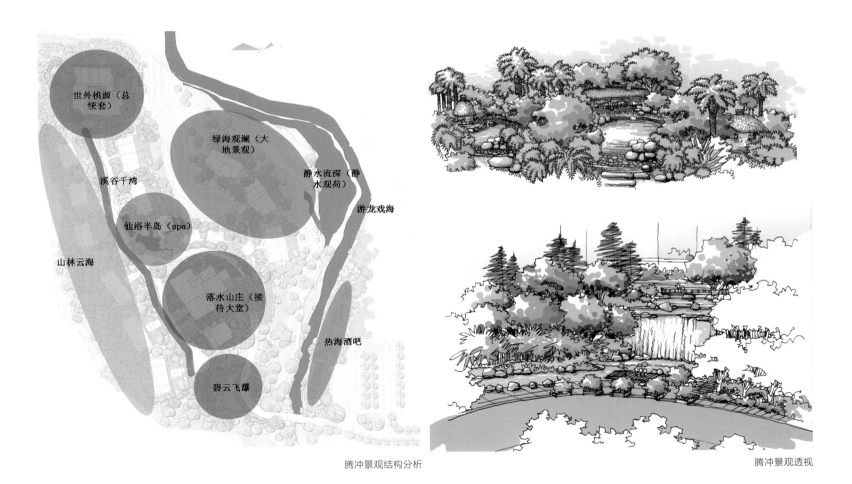

腾冲景观结构分析

世外桃源（总统套）

绿海观澜（大地景观）

溪谷千湾

静水流深（静水观荷）

仙浴半岛（spa）

游龙戏海

山林云海

落水山庄（接待大堂）

热海酒吧

碧云飞瀑

腾冲景观透视

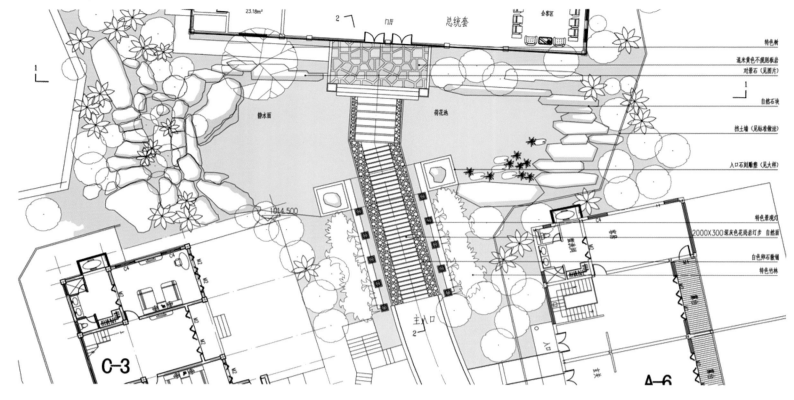

总统套入口平面图 1:150

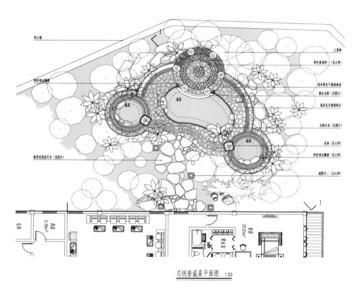

总统套温泉平面图 1:100　　　　　　仙浴半岛平面图 1:200

腾冲节点详图

世外桃源

落水山庄

SHIMAO INTERCONTINETAL "WONDERLAND" HOTEL LANDSCAPE DESIGN

上海世茂新体验洲际酒店景观方案设计

项目地点：上海松江

设计时间：2008年

建成时间：2010年

项目面积：32 467平方米

设计单位：阿特金斯

项目概况

上海世茂新体验洲际酒店位于上海西郊古城松江。基地交通便捷，距离上海市中心约40公里，距虹桥机场约18公里，距浦东国际机场75公里，周边临近沪青平高速、沪杭高速、A30高速及轨道交通9号线。

松江，是上海历史文化的发祥地，山清水秀，历史上素以"九峰三泖"著称。位列九峰之首的天马山和横山分别位于基地的北部和西部，而横山塘、旺家浜亦流经基地的北面和西面，基地采石深坑内的岩石、崖壁和水更是辉映了"九峰三泖"的特色。

这个采石深坑，深约100米、长240米、宽160米左右，形成内湖。深坑周围为草地水田，一派田园风光。酒店就建造于这个深坑之中。

设计构思

通过对基地的分析，我们为建筑方案提炼出设计的灵魂是"林"、"蕴"、"水"、"石"，建筑师们无意破坏宁静的自然，因此我们为设计构思定下了一个出发点——"创造一个源于自然而融于自然的绿色度假酒店"。

自然环境的开阔、采石坑的壮观、山峰的秀美，给所有的到访者留下了深刻的印象。为了能把这些令人感动和震惊的元素延续和保留，设计中将建筑主体布置于深坑中，在地面上仅保留必需的少量建筑，以满足酒店交通和公共功能的需求。

坑内的建筑容纳了酒店客房、水面和水下特色餐饮与健身等功能。它依靠岩壁以最大面展开，结合柔性要素，寻求自然的生长和演变。景观设计需要与建筑风貌相配合，同时依照功能区的不同特征，结合周边环境，合理安排景观元素。

景观设计

景观设计对本案设计构思的体现，起到了重要作用。整个景观设计的主题都围绕"自然"主题开展。

酒店的景观主要分为地面部分和深坑底部两大部分。地面部分的景观设计以软景绿化为主，以还原一个自然的地貌环境。基地内部步行景观线路采用自然生长的方式围绕着采石坑、河流和建筑，创造出多个趣味节点，塑造自然而丰富的区内景观。

深坑底部的景观以水景和垂直绿化为主。室外层层堆叠的空中花园，与建筑主体相结合，为室内创造了独一无二的生态环境，做到室内外的渗透和贯穿。崖壁的人工绿化，以及跌落的瀑布，为酒店的住客打造了一个壮观的垂直画面。同时夜晚映射在崖壁上的灯光效果，更是增加了深坑的神秘感。由于深坑下面有一个自然形成的地下水内湖，结合酒店的室外人工泳池，景观设计师们做出两种不同的水景花园——室外隐水花园和云雾水景花园。

室外隐水花园充满了热带花园的风格，它结合泳池的水面景观，试图创造一个坐落在自然山谷里的酒店花园。两侧人工种植的植物，沿着人工浮桥布置。这里不仅有吧台，还有一些休闲座椅，供住客们观赏和休息使用。

对于深坑内的自然水体部分，景观设计师们设计了云雾水景花园，旨在创造一种薄雾以及小水流流过岩石的景观。在窄小的水面上配备自然的水生植物，以扩大整个深坑水面的延伸感，为整个中庭创造一个较为私密的空间。同时为水生植物在此间的生长提供了一个独立的环境，以达到水体净化的效果。

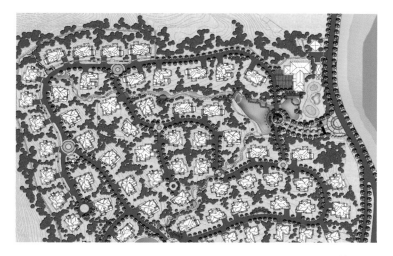

总平面图

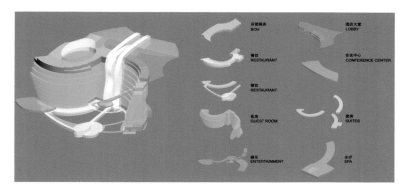

功能图

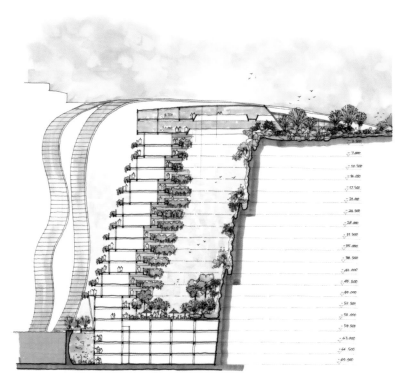

南翼云雾水景花园

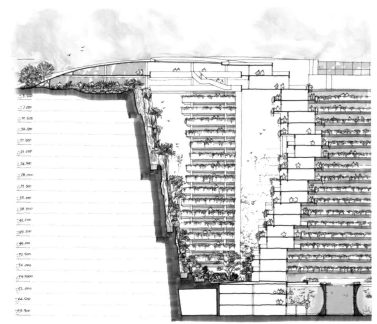

北翼隐水花园

XIXIAN ECO FARM CONCEPTUAL MASTER PLAN

西咸生态农庄概念性规划设计

项目地点：陕西省咸阳市西咸新区泾河新城
设计时间：2012年8月—2012年12月
规划面积：830 000平方米
设计单位：SASAKI ASSOCIATES, INC.
主设计师：张斗、LESLIE LEE

西咸生态农庄项目位于西安市正北方向泾河北岸的高漫滩上，现状为农田和湿地。基地距西安市约22公里，距咸阳市约21公里，北倚明代历史遗存——崇文塔，南望泾河和广袤的五陵塬地区。方便的交通条件和优越的地理环境使这里成为一个理想的城市近郊目的地。生活在周围城市的人可以利用周末和节假日来这里采摘水果、接受农业教育、休闲，或单纯来欣赏美丽的风景。广阔的农田、幽静的湿地、起伏的大堤和殷实的果园为整日困在污染和喧嚣之中的城里人提供了一个平静祥和的环境，一个静思和修养的场所，使人能够有机会回归自然、回归生活的本源、重新思索人生的意义。

作为西咸新区大"田园城市"的一部分，农庄的设计概念"崇文阡陌"充分挖掘了基地的特点和周围的自然文化资源。它继承和优化了基地中传统的灌溉农业景观，彰显了与历史性地标崇文塔以及主要景点泾河之间的视觉联系，并在开发地块创造了一个充满活力的中心。

"田于何所？池阳谷口。郑国在前，白渠起后。"大规模的水利工程和完善的灌溉管理系统代表了关中地区农业的特色，并使其一度成为中国的中心。自秦代修建郑国渠始，引泾水灌溉的工程世代延续，泾惠渠今日依然润泽着渭北大地。而水渠阡陌交错的田园风貌也铸就了当地的特色景观和关中人对家乡的共同记忆。

设计布局建立在两个层次的格网之上：实际的空间网格遵循现有的农业灌溉和道路系统，视觉网格则将农场与崇文塔和泾河连接起来。设计中将泾河大堤整合到农田设计中，并将地形延伸到基地侧面，以减轻来自周边基础设施的噪音和视觉干扰。农业灌溉和道路系统构成设计的主要框架。通过对这种文化景观元素的保护、维持和再创造，在永恒的景观中提

供了具有历史意义的功能性支撑。

项目共分成五个区：接待区、农业观光区、会所区、湿地区和开发区。所有的建设项目都位于基地周边，方便人们轻松抵达，也便于各建筑管线与市政基础设施之间的连接。

接待区是多数游客进入农庄的区域，也是大规模人流活动最多的地方。它为在城市中长大的年青一代提供了大型的农作物辨识区，让他们了解不同品种的农作物；并提供了栽培各种当地水果的果园，可在不同的时节招待游客。此外，还有出售新鲜有机农产品的农贸市场，供应农场生产的有机食物的有机餐厅，举办各种展览和互动活动来介绍农家生活的农舍式乡村生活体验中心，以及两座整合到果园中的酒店，以分别服务于不同的顾客群。接待区的大多数活动围绕着靠近主入口的主要"交叉口"。这是水、道路和人气汇聚的十字路口，也是所有能量的聚集之地。该区的所有建筑均采用当地四合院住宅的空间格局，但又包含着对形态和材料的现代诠释，反映该区域现代生活中的农村建筑特点。

农业观光区是西咸生态农庄的核心区，占据着中部最大面积的土地，为从周边观赏农业景观提供了无限的机会。它融合了多种色彩缤纷的当地作物，包括谷物、蔬菜、调味料和经济作物。所有的作物交替种植，形成大尺度的开放景观，创造丰富的季节性趣味。在南端，沿着泾河大堤北侧的缓坡，作物条带一直延伸到大堤顶端，把农庄与泾河水岸连为一体，把农田景观与天空连为一体。

农业观光区的西侧种植茂密的落叶树林，以创造季节性景观趣味，为鸟类和小动物创造栖息地，并在林中安排探索自然的游览路线，为在城市里长大的年青一代创造另一个接受自然教育的机会。

总平面图

景观设计概念

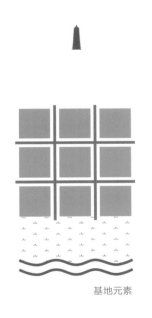

基地元素

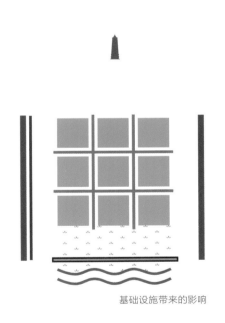

基础设施带来的影响

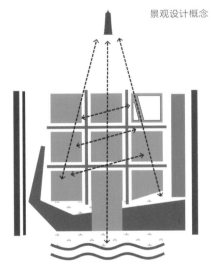

设计介入

开发地块设计概念

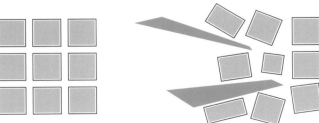

典型城市开发网络

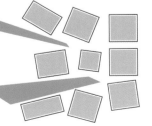

绿色渗透式开发地块

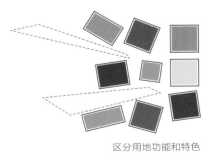

区分用地功能和特色

彰显公共领域并增强社交互动

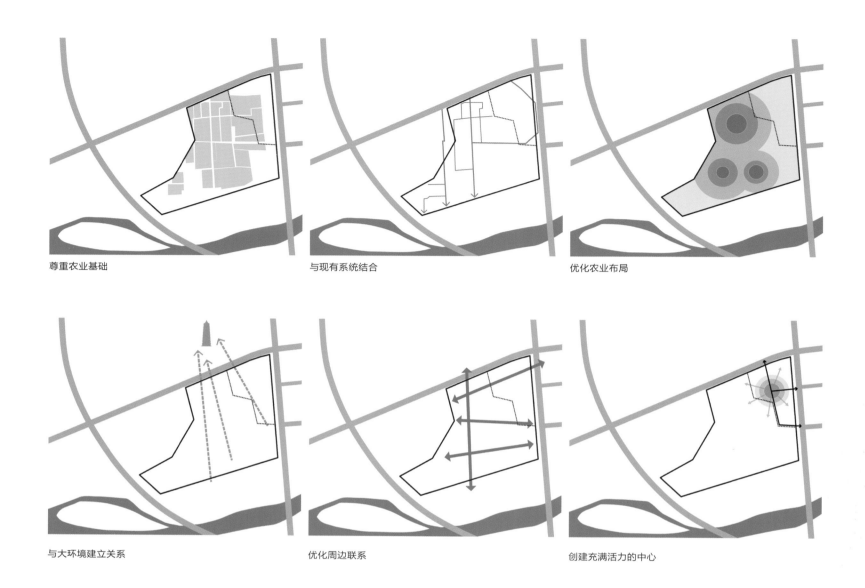

尊重农业基础

与现有系统结合

优化农业布局

与大环境建立关系

优化周边联系

创建充满活力的中心

　　湿地区位于基地的最低点。它位于基地的次入口旁，承载着半公共的活动内容。现有的鱼塘和自然湿地被融合到设计中，作为基地的中心景观要素。湿地分为非通航区——雕塑岛和通航区——荷花池。在雕塑岛周围种植了各种可食用的湿地植物，映衬着木栈道和岛上的各色雕塑。荷花池中栽培了多个品种的莲科植物，并提供游船赏荷和采莲。

　　与湿地相对应，供出租的会馆分布在雕塑岛、湿地和农场之间，最大限度地打开了面向艺术品、湿地和农场的视野。会馆设计运用从传统庭院住宅中提取的同种基本元素进行不同的构成，包括封闭空间、渗透空间和过渡空间。设计中还采用当地材料如灰砖，进一步将这些现代建筑与其地方根源相连。每个会馆都提供了从建筑中不同位置观看湿地和农田的朦胧视野，将会馆的生活体验与农场的大环境紧密交织在一起。

　　会所区是整个西咸生态农庄中最私密最高端的区域，接待小型聚会或短期停留和度假。它包括三个拥有庭院的私密会所、草药园和小型的湿地。该区域的重点是养生和静思。一层层茂密的药用常绿植物围绕着会所和草药园种植，渲染了养生环境，为每个会所都提供了高度的私密性，并减弱了来自包茂复线的交通噪音。在每个会所的花园中都种植了蔬菜和果树，让客人能够享受从园中收获的最新鲜的蔬菜和瓜果。草药园提供医用草药，

并为会所的客人提供了美丽的景致和宁静的环境。

　　会所建筑采用了现代的形态和材料，而空间的格局则源于当地传统的四合院住宅。每个建筑都包含着一种独特的诠释。极简主义风格的会所行气斋将两个四合院合并在一起，形成简洁明快的长方体轮廓。集聚式的却风馆对调了传统四合院住宅中的虚实关系，用大大小小的立方块的集聚来组合房屋中大小不同的房间。散寒院是对当地传统的地坑院住宅的现代表现，结合了降低临近高速噪音的功能，并提供了与周围景观的连续性以及高度的私密性，使堤坝上的人看不到建筑周围的活动。

　　开发地块位于基地东北角的开发区，是项目远期建设的部分。它将成为一个混合功能区，包括住宅、商业、酒店、会展和文化功能。设计把周围的景观渗透到开发区中，以创造农场环境中的一个充满活力的多样化场所。设计中通过对街道布局的仔细安排来创造通向崇文塔的视线廊道，让人们置身于历史性的环境中。东西向开放空间连接农场，把农场的景观延伸到开发区中。

　　西咸生态农庄的设计是新型田园城市设计的一种探索。希望能通过将城市生活和乡村生活的有机结合，来向更多的城里人展示妩媚的田园风光和乡间趣味，向更多的乡村人介绍现代的生活方式。

水资源保护

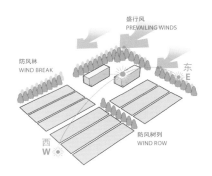

气候/微气候

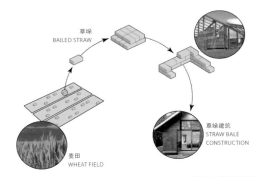

分区与资源利用

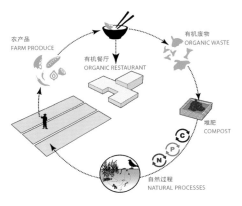

土壤保持

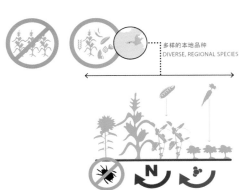

种植策略

整合的生态系统

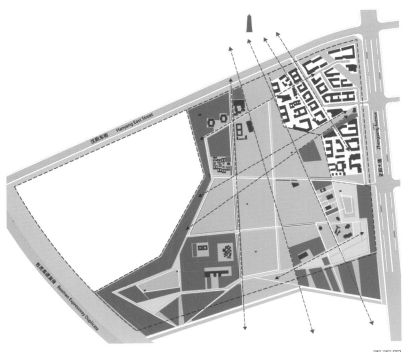

平面图

分区平面图

植栽设计

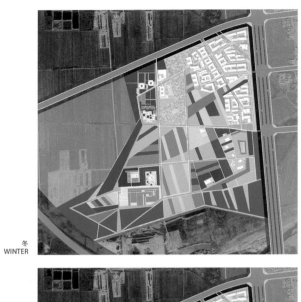

冬
WINTER

春
SPRING

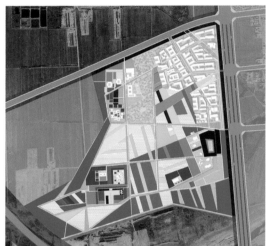

夏
SUMMER

秋
AUTUMN

田野盛夏

湿地秋色

畅春小集

LANDSCAPE DESIGN FOR OCT SPA IN TAIZHOU

泰州华侨城温泉 SPA

项目地点：江苏泰州

设计时间：2008—2010年

建成时间：2010年

项目面积：49 000平方米

设计单位：深圳市东大景观设计有限公司

泰州华侨城温泉SPA项目位于姜堰市溱湖风景区西片区，是典型的湖荡生态湿地，并拥有天然的温泉资源，为泰州华侨城湿地生态旅游综合项目一期的重点打造子项目，也是泰州华侨城项目开发的引爆点。

生态

湿地——本项目所在位置属于里下河地区，是一个天然的湿地地带。东大景观秉承湿地格局，尽量沿用及还原湿地景观植物特色，营造曲径通幽、绿意满盈的景观体验。较其他温泉SPA区更为自然及生态。

湿地植物——荷花：利用荷花的造型延展于各个景观设计元素中，包括各种不同图案的组合构图、小品雕塑、灯具及地面铺装等，以突出地域生态和文化特色。

另外，利用依附于湿地属性的物质元素，如芦苇、鸟类等，增加整体的湿地生态氛围。

文化

设计中思考如何将当地的特色文化遗产巧妙地融合到细节当中。

里下河文化及江南水乡文化——中式古亭可说是其中一个比较明显的特色。设计中利用古亭结合温泉泡池，既可纳凉避风，又营造了思古徜徉的文化意境。

戏曲——泰州乃戏曲之乡，在项目中，戏曲作为情感主线之一，串联融入设计细节，在浮雕小品乃至规划布局中皆可看到戏曲文化的影子。

诗词歌赋——我们努力描绘文人骚客描画的江南美景，每一处温泉泡池均根据诗词来命名，如，忆江南、采桑子、蝶恋花、浣沙溪等。并利用当地人对于"5"这个数字的钟爱，设计了诸如五子浴（生姜、女贞、白蒺藜、白及、朱砂）、五音浴（宫、商、角、**徵**、羽）、五果浴（苹果、木瓜、柠檬、菠萝、椰子）、五花浴（茉莉、菊花、桂花、玫瑰、郁金香）等泡池。

整个项目中，我们解决了设计细节结合当地生态及文化元素这个课题，利用当地文化的特色，结合场地的实际环境，使人们在享受温泉SPA的同时，亦能享受被自然生态所包容的那份清净，体会当地特殊的文化韵味及传统情结。

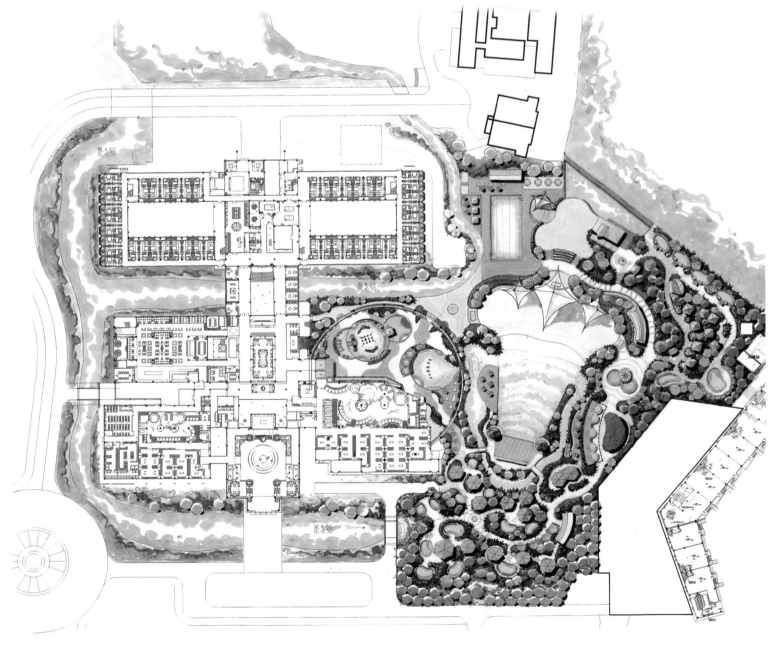

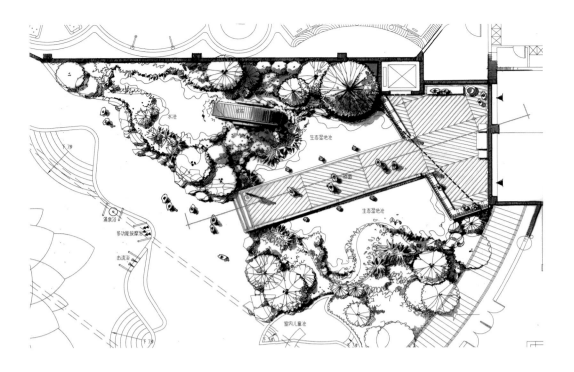

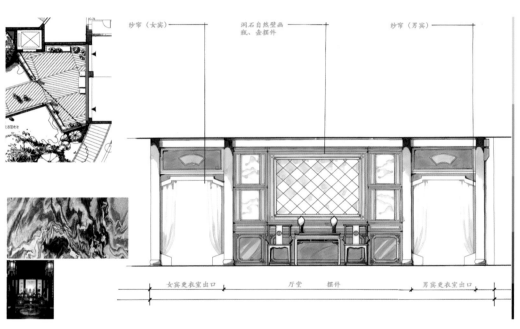

室内主SPA入口剖面

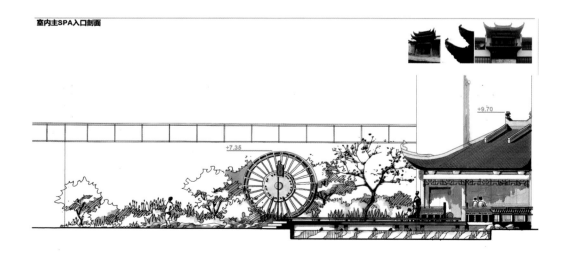

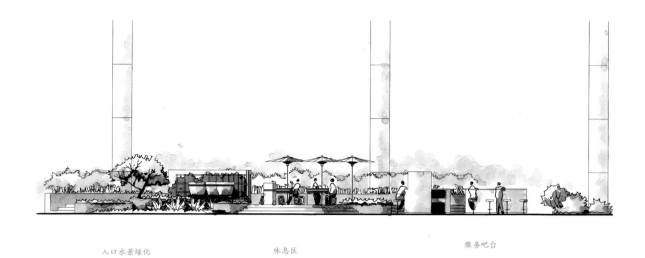

入口水景绿化 休息区 服务吧台

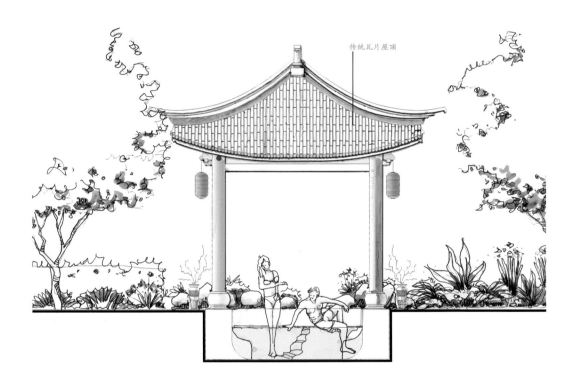

传统瓦片屋顶

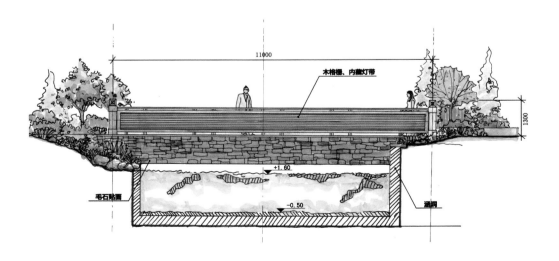

11000

木格栅、内藏灯带

1300

毛石贴面

+1.60

-0.50

通洞

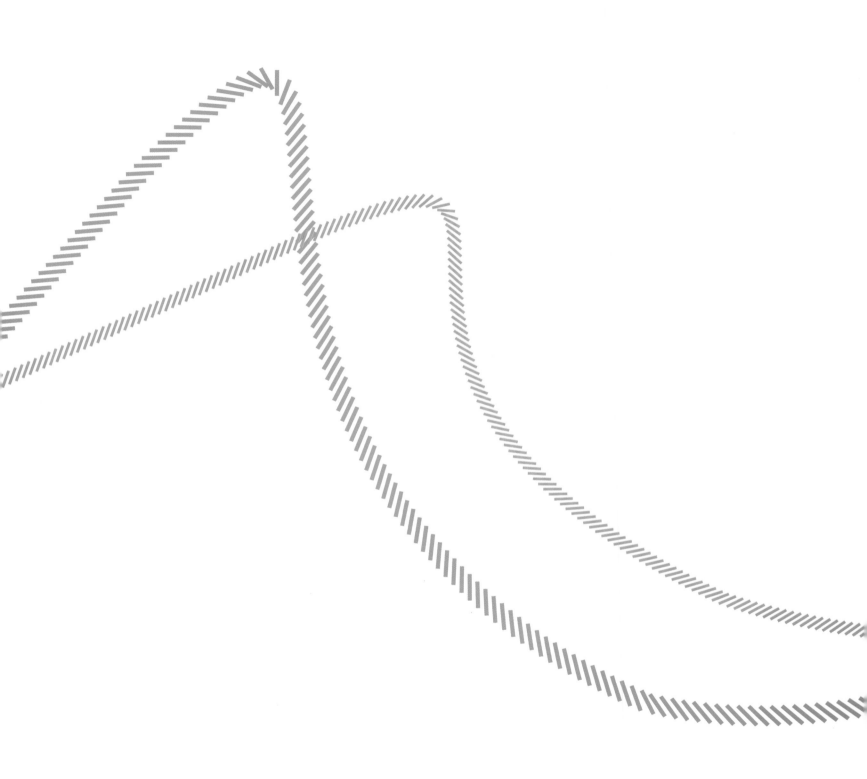

COMMERCIAL COMPLEX
商业综合体

GUANGZHOU WEST TOWER
广州西塔

项目地点：广东广州
设计时间：2007年
建成时间：2012年
项目面积：27 000平方米
设计单位：ASPECT STUDIOS 澳派景观设计工作室
摄影：博鸿

广州西塔主塔建成后的高度将达到432米，届时会成为全国第二高楼，中国南方第一高楼，也将是广州毋庸置疑的地标性建筑。

澳派景观设计工作室是本项目的景观设计顾问。设计师将广州西塔视作组成珠江新城主轴线的建筑群的延伸，将其塑造成为联系北面的城市商务区与南面的珠江的纽带，营造出浑然一体的城市景观效果。

广州西塔将被视为广州整座城市的灯塔。因此，景观概念"光"是整个设计的关键与重点：光的色彩、发散的方向、简洁并具有动感的线条，共同打造出鲜明的设计特色与风格。

节能灯带构架出整个设计场地的骨架与布局，也使建筑构架投影在地面上，使其建筑与景观形成一个整体。灯光不仅构建出场地形态，也塑造出从建筑本身延伸到周边场地的统一材质肌理，吸引人们进入到场地中来。

广州西塔的南面是五星级酒店四季酒店的入口，建筑师在这里设置一个大型水景池，选用自然冰裂纹黑色花岗岩饰面，中间栽植茂盛的热带绿色植物。南面池壁跌水墙高达2米，与灿烂的阳光相互辉映，营造出欢乐愉悦的视觉氛围；北面池壁的跌水墙是入口雨棚前的视觉焦点，与棕竹、天堂鸟以及鸡蛋花等洋溢热带风情的植物相结合，营造出四季酒店高雅与宁静的品质与格调。

整个项目使用节能灯具以及当地的材料，保证项目的生态环保与可持续性。

134

HANGZHOU GTLAND PLAZA
杭州中央商务区高德置地广场

项目所在地：浙江杭州

设计时间：2008—2010年

施工时间：2010—2013年

项目总面积：403 028 平方米

设计单位：美国汤姆·里德景观设计事务所（TOM LEADER STUDIO）

杭州中央商务区是Tom Leader Studio携手SOM旧金山建筑事务所联袂打造的，集商务、办公、住宅、酒店等功能为一体的多功能城市开放式发展空间。其中有六星级酒店Jumeirah Hotel始座，令游客享尽各种便捷。基于杭州闻名遐迩的自然风光及如诗般传诵古今的西湖胜景，TLS举创性地提出了"东湖"建设项目，期望这个坐落于各色楼宇间的20234平方米大小的小区域能吸引世人的目光。在这里，明镜般的湖面为零星的莲花及伟岸的松树衬托出一片无垠的天地，而低于水面的走道及庭院设计更使得人们仿若置身水中一般清爽自然。东湖与湖畔的餐饮、娱乐场所相映成趣，巧妙地打造了一方都市中难得一见的乐土。

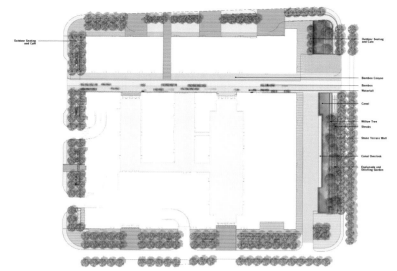

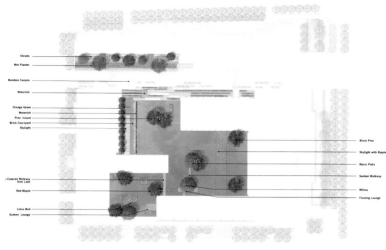

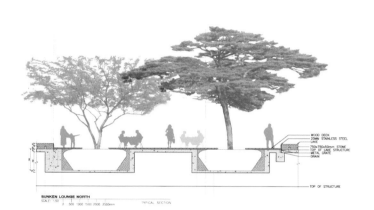
下沉休息室

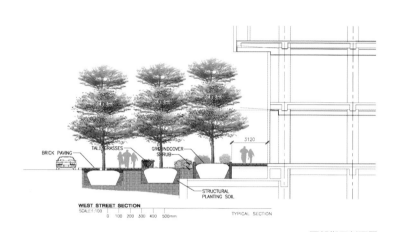
西部街区剖面图

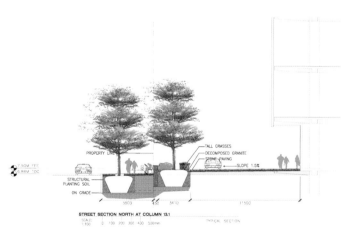
北部街区剖面图

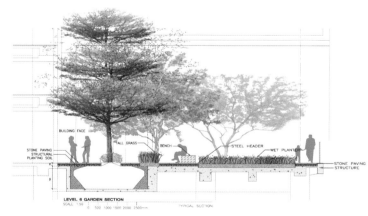
公园部分立面图

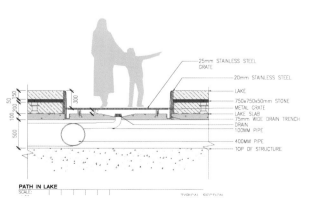
湖水剖面图

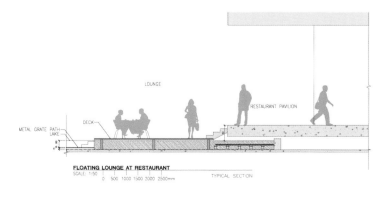
餐厅休息室剖面图

GREENLAND JISHENG WELLBORN INTERNATIONAL FURNITURE MALL PHASE II

上海绿地吉盛伟邦国际家具村二期

项目地点：上海青浦
设计时间：2010年
建成时间：2012年
项目面积：170 000平方米
设计单位：ASPECT STUDIOS 澳派景观设计工作室
摄影：KATERINA STUBE

上海绿地吉盛伟邦国际家具村位于蓬勃发展的上海郊区青浦。青浦距离上海市中心20公里，有着庞大的商业市场和"奥特莱斯"式的购物中心，周边是高档的别墅区和新开发的住宅小区。

上海绿地吉盛伟邦国际家具村二期西临走马河，总地块面积为17公顷，业态包括大型展览、会议中心、滨河商业区，以及办公空间。

本项目的首要重点在于打破传统的景观类型，尝试创作出一种大胆的、可成为当代典范的设计语言，而不是为项目强加各种各样的欧式景观设计元素。设计从家具"框架"与"抱枕"得到灵感，将这些设计元素贯彻到整个项目中，形成项目的主题与布局，树立起鲜明的身份特征，并营造出各种尺度宜人的空间，让购物者可以休息停留。

整个场地被一系列具有震撼人心的视觉效果的倾斜钢结构环抱，营造出欢庆和迎宾的视觉气氛，形成场地景观的节奏感，也突出重要的景观区域。场地内摆设有各种抱枕形的石块，供人们休憩小坐，种植池圆滑的座椅收边也给游客提供了宽裕的休息空间。亮眼的景观廊引导视线，并具有遮风挡雨的实际功用。

滨河商业区域是一个公园般的开放空间。一系列通过斜坡与台阶相连的滨河走廊让游客可以进行各种亲水活动，走廊沿线还分布着休闲划船渡口和码头，可由此前往一期。景观桥跨越一期与二期，是一处非常精美的设计。桥的栏杆由穿孔钢板制成，从一端的青绿色渐变至另一端的更具活力的黄红色，分别与两端一、二期建筑的外立面相统一，总长度达到130米。这样的设计实现一期和二期的自然过渡，使两部分融为一个充满凝聚力的整体。景观设计融入城市水体保护的理念，确保所有地表径流都得到植被的过滤与处理后才流入河道，保护河流的水质。

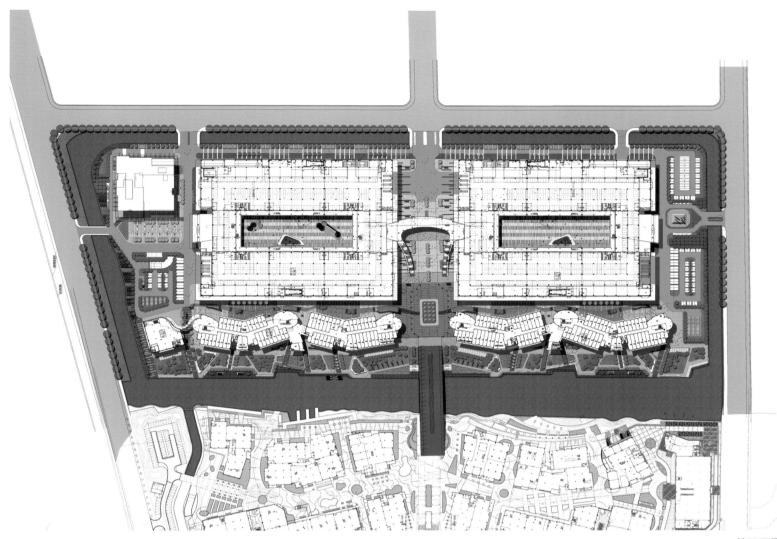

总平面图

CHANGSHA TASKIN CITY PLAZA

长沙德思勤城市广场

项目地点：湖南长沙

设计时间：2010—2011年

建成时间：在建

设计面积：373 476平方米

设计单位：笛东联合（北京）规划设计顾问有限公司

主设计师：袁松亭

项目介绍

　　德思勤城市广场位于湘府路与韶山路交会处西北角与东北角，其中A、B、E地块是项目首期开发的地块，北临迎新路，东临韶山南路，南临湘府路，是一个集商业、零售、百货、酒店、办公、餐饮、主题商业街、时尚淘宝、娱乐、公寓住宅、儿童天地、教育等多种业态为一体的综合性建筑群。

设计思路

　　设计强调规划、建筑与景观的一体化设计，使景观的场所性与建筑的使用性完整融合。

　　设计强调对公共空间的有效划分及明确利用，赋予场所精神内涵，强调项目作为城市门户空间的重要性与特殊性。

　　景观空间设计强调人的参与性、感知性与空间归属感，利用设计关怀并引导人的行为模式，创造适宜"人"的尺度与环境。

　　我们把握设计后期对细部的推敲及对材料的选择，在符合设计意图的同时有效地控制成本。

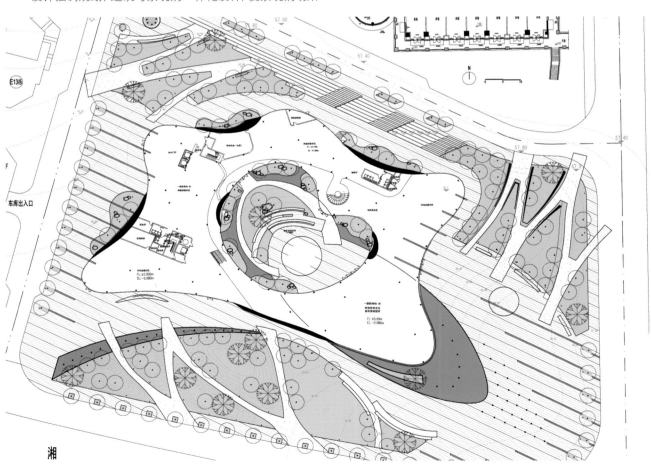

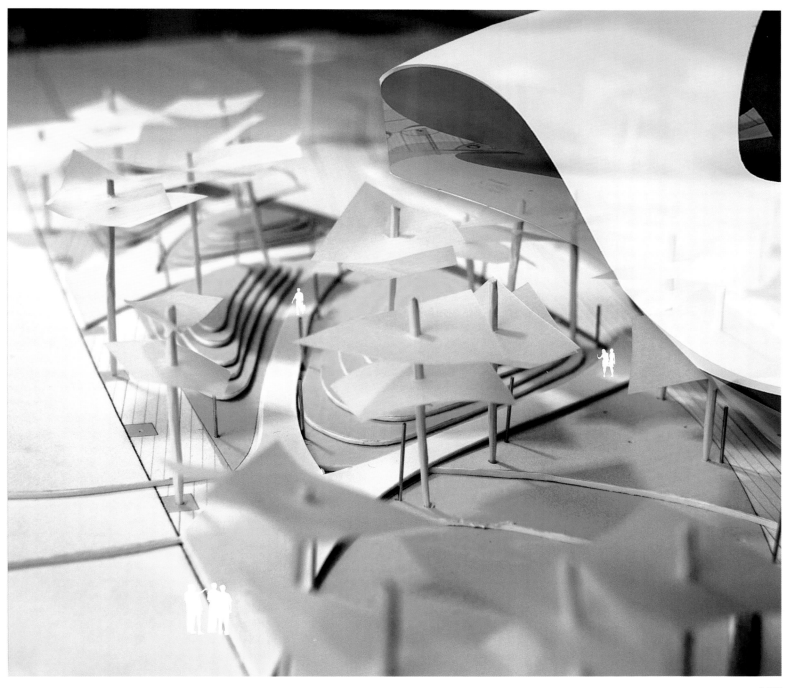

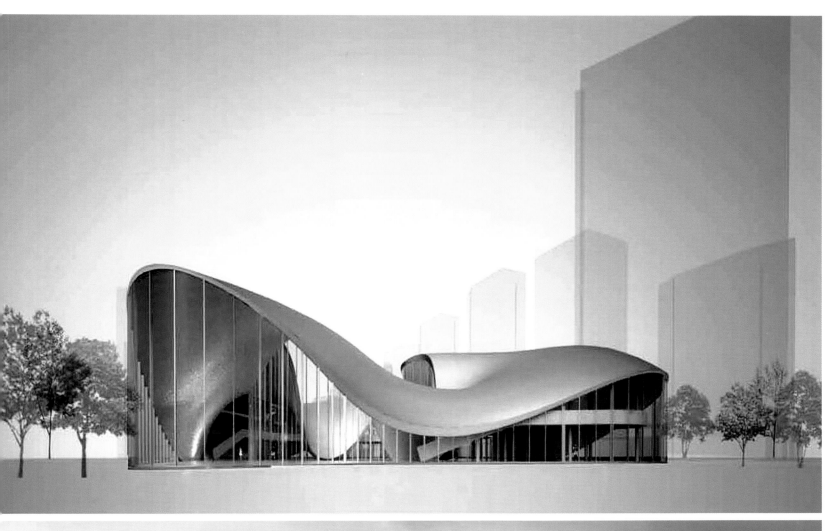

LIANGZHU CULTURE VILLAGE—EGRET COUNTY

杭州万科良渚文化村——白鹭郡南

项目地点：浙江杭州

项目面积：50 000平方米

设计时间：2010年2月

完成时间：2012年8月

景观设计：上海张唐景观设计事务所

主设计师：张东、唐子颖、张亚男

项目位于有着4000年历史的文化遗址——良渚文化村，是一个乌托邦式的居住小镇。白鹭郡南居住区的景观设计包括会所景观（中心花园、入口景观、屋顶花园等）、商业景观、庭院景观以及街道景观。

会所入口景观中，平行的黑色花岗岩砌成的异形树池中种满日本早樱，早春时节白色樱花盛开，倒映在入口的圆形镜面水池中，是对这个乌托邦小镇世外桃源生活的隐喻。直径14米的水池在功能上满足了回车要求，里面还有不同数量、高度的喷泉，可以在不同时期开放。

会所中心花园是封闭式的以观赏为主的庭院。动静交替的水面，配上倒弧形的细喷泉，形成平静与波动的对比。随着四季和昼夜的变化，青色的水与柔和的弧线呈现出不同的姿态。

商业景观位于居住区中心位置，服务于四周的商铺。长达33米的镜面倒影溢水池，成为钟塔在广场上的延伸。竖直挺拔的榉树定义了广场的休息空间。广场尽端的旱喷小广场则为节日庆典增加了活跃气氛。

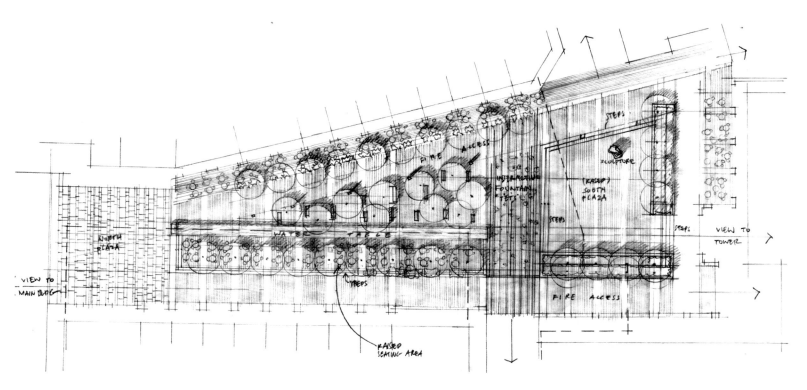

THE ORDOS SQUARE
鄂尔多斯广场

项目地点：内蒙古鄂尔多斯

占地面积：350 000平方米

设计时间：2012年2月

完成时间：2012年6月

设计单位：美国佰弗景观设计事务所

主设计师：褚军刚

鄂尔多斯广场位于乌兰木伦湖南岸，与市政府党政大楼遥相呼应，占地350000平方米，其中国泰商务中心总建筑面积70万平方米，是集金融、商贸、办公、购物、文化、休闲等为一体的现代化的中央商务区，也是西部第一高楼集群。国泰商务中心的建设成功，对推动城市结构转型、提升城市服务能级具有重要的战略意义。

项目概况

整个鄂尔多斯广场景观设计范围包含四大部分，一是位于乌兰木伦湖南岸的呈带状布局的滨湖公园，二是国泰商务中心，另两个部分是分别位于国泰商务中心东、西两侧的开放式市民公园，其中以国泰商务中心——中央商务区（CBD）为核心区。它位于乌兰木伦湖南岸，文明路以北，滨河路以南，与康巴什市府

政务中心遥相呼应，位于城市中心，地理位置优越，彰显出鄂尔多斯国际化的崭新风貌。

景观规划以大地艺术的手法结合现代景观学，将几个地块融为一体，营造出"高标准、时代感、民族性"的大型生态公园及现代文化广场空间。

景观设计以"世纪之花"作为设计主题，运用现代景观设计手法，结合大地艺术和人文艺术，在乌兰木伦湖畔，打造了一个功能完善、现代时尚和环境一流的CBD景观。

整个景观布局以国泰商务中心为核心，形成"一朵绽放的花朵"的形态，层层向外延展，串联起不同的主题空间。象征高贵、典雅的郁金香——世纪之花绽放在美丽的鄂尔多斯草原上。从空中俯瞰整个广场，整个设计显得恢宏大气，极富韵律，与迪拜的棕榈岛有异曲同工之妙，是镶嵌在乌兰木伦湖畔的一颗闪耀的明珠。

景观设计原则

人性化——以人为本，从使用者的角度出发，满足各项人性化的需求。

地域文化性——融合城市精神，促进现代文明，推动可持续发展。

多元和谐——结合现代景观学、生态学、游憩学等，形成多学科之间的

互动，取各所长，相互融合，形成功能合理、生态宜人、景致雅观的一流CBD景观环境。

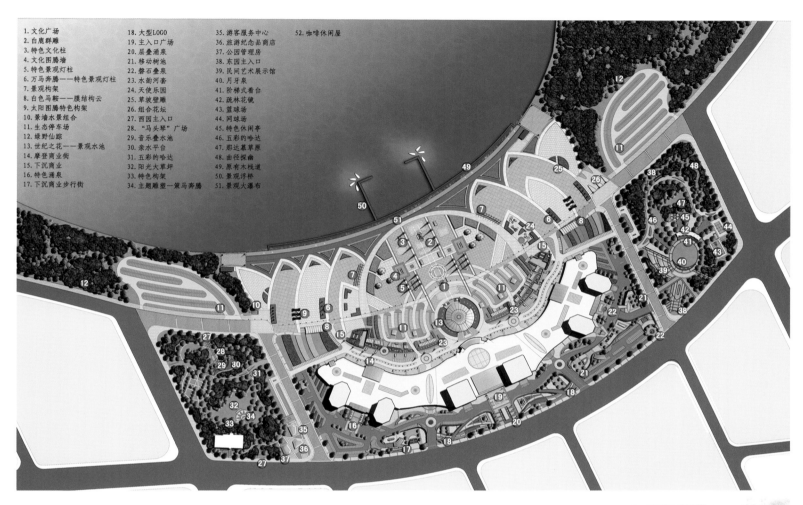

1. 文化广场
2. 白鹿群雕
3. 特色文化柱
4. 文化图腾墙
5. 特色景观灯柱
6. 万马奔腾——特色景观灯柱
7. 景观构架
8. 白色马鞍——膜结构云
9. 太阳图腾特色构架
10. 景墙水景组合
11. 生态停车场
12. 绿野仙踪
13. 世纪之花——景观水池
14. 摩登商业街
15. 下沉商业
16. 特色涌泉
17. 下沉商业步行街
18. 大型LOGO
19. 主入口广场
20. 层叠涌泉
21. 移动树池
22. 磐石叠泉
23. 水韵河套
24. 天使乐园
25. 草坡壁雕
26. 组合花坛
27. 西园主入口
28. "马头琴"广场
29. 音乐叠水池
30. 亲水平台
31. 五彩的哈达
32. 阳光大草坪
33. 特色构架
34. 主题雕塑—策马奔腾
35. 游客服务中心
36. 旅游纪念品商店
37. 公园管理房
38. 东园主入口
39. 民间艺术展示馆
40. 月牙泉
41. 阶梯式看台
42. 疏林花镜
43. 篮球场
44. 网球场
45. 特色休闲亭
46. 五彩的哈达
47. 那达慕草原
48. 曲径探幽
49. 原有木栈道
50. 景观浮桥
51. 景观大瀑布
52. 咖啡休闲屋

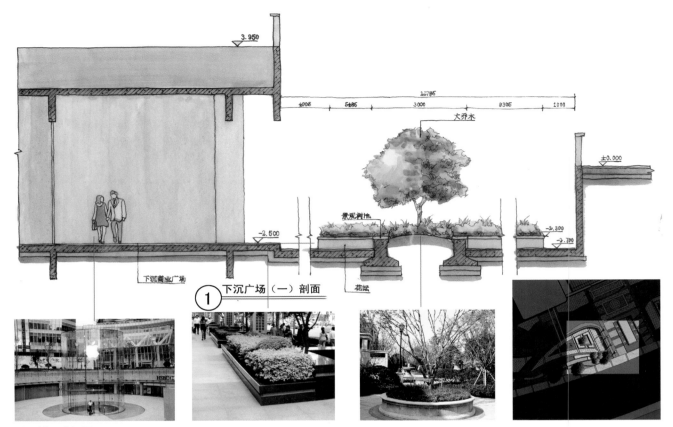

▽ 3.950

大乔木

景观树池

下沉商业广场

±0.000

-2.500

-2.300

-2.700

花坛

① 下沉广场（一）剖面

下沉广场一剖面图

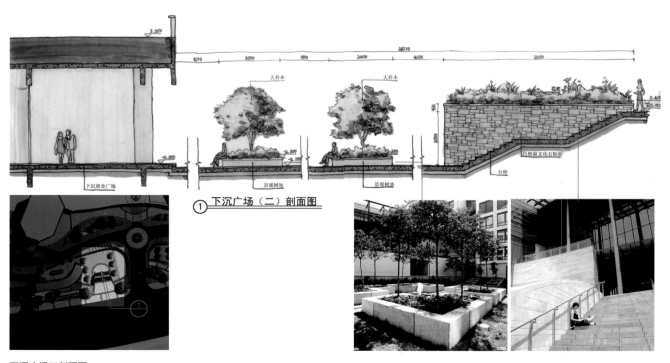

▽ 3.950

大乔木 大乔木

下沉商业广场

景观树池 景观树池

自然面文化石贴面

台阶

① 下沉广场（二）剖面图

下沉广场二剖面图

① 下沉广场（三）剖面图

下沉广场三剖面图

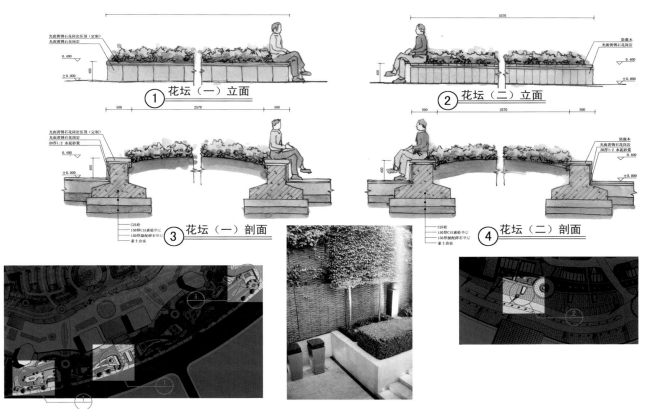

① 花坛（一）立面

② 花坛（二）立面

③ 花坛（一）剖面

④ 花坛（二）剖面

花坛详图

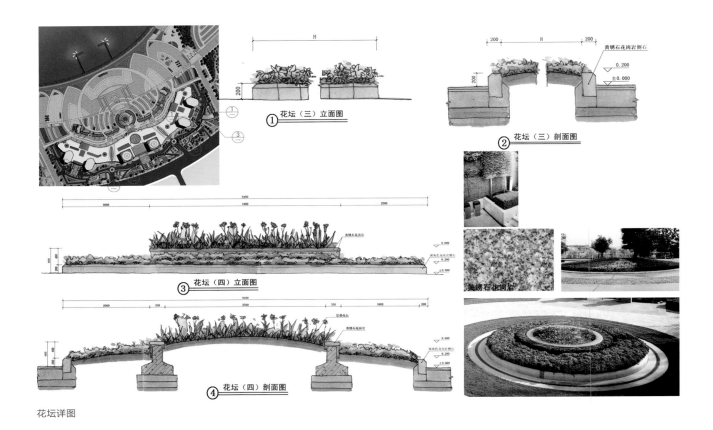

① 花坛（三）立面图

② 花坛（三）剖面图

黄锈石花岗岩侧石

③ 花坛（四）立面图

④ 花坛（四）剖面图

黄锈石花岗岩

花坛详图

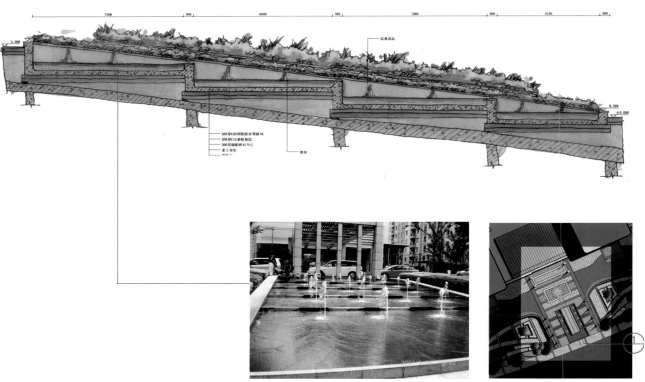

入口景观跌水断面图

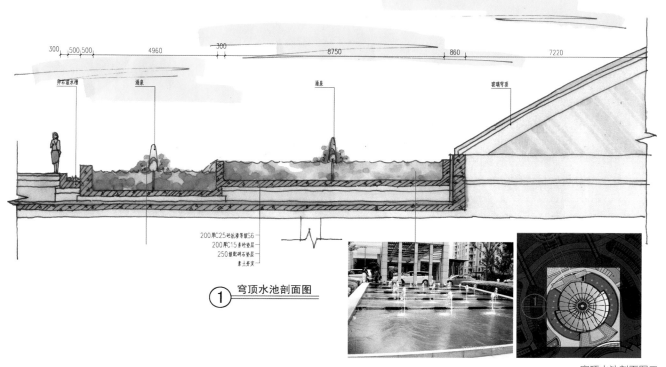

| 300 | 500 | 500 | 4960 | 300 | 8750 | 860 | 7220 |

印石落水槽　　　　涌泉　　　　　　　　涌泉　　　　　　玻璃穹顶

200厚C25砼防水等级S6
200厚C15素砼垫层
250级配碎石垫层
素土夯实

① 穹顶水池剖面图

穹顶水池剖面图二

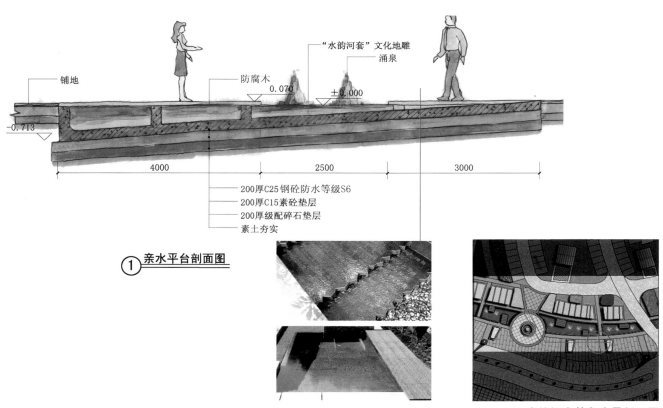

"水韵河套"文化地雕
涌泉

铺地　　　　　　　防腐木　0.070　±0.000

-0.713

| 4000 | 2500 | 3000 |

200厚C25钢砼防水等级S6
200厚C15素砼垫层
200厚级配碎石垫层
素土夯实

① 亲水平台剖面图

水韵河套特色水景剖面图

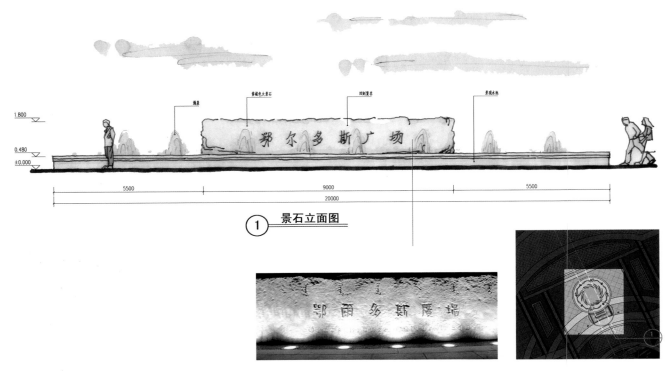

景石立面图

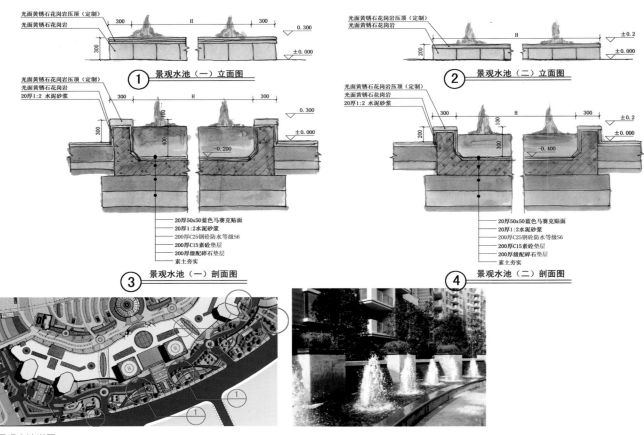

景观水池详图一

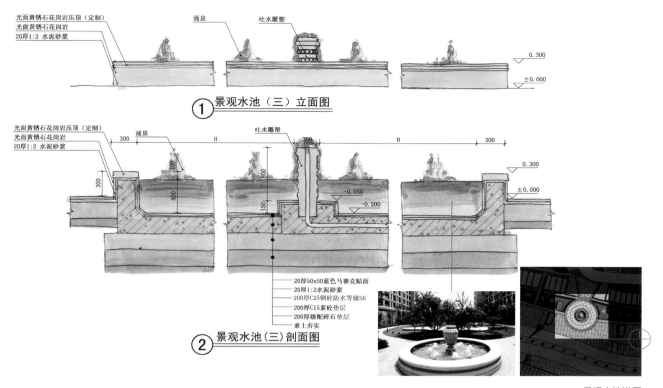

光面黄锈石花岗岩压顶（定制）
光面黄锈石花岗岩
20厚1:2 水泥砂浆

涌泉　　吐水雕塑

0.300
±0.000

① 景观水池（三）立面图

光面黄锈石花岗岩压顶（定制）
光面黄锈石花岗岩
20厚1:2 水泥砂浆

300　　涌泉　　　H　　　　　　　　吐水雕塑　　300　　　　H　　　　　300

300
400
100

650
150

-0.050
-0.200

0.300
±0.000

20厚50x50蓝色马赛克贴面
20厚1:2水泥砂浆
200厚C25钢砼防水等级S6
200厚C15素砼垫层
200厚级配碎石垫层
素土夯实

② 景观水池（三）剖面图

景观水池详图一

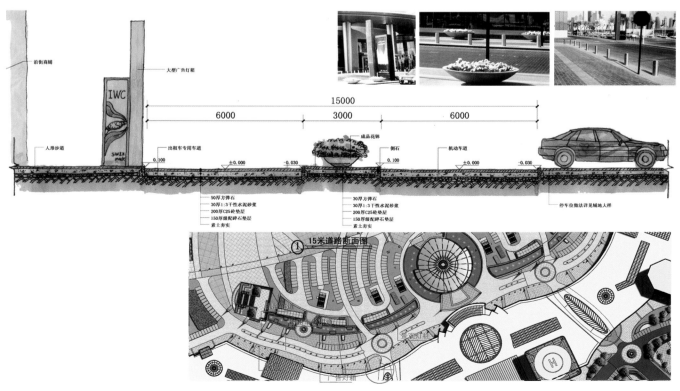

15000

6000　　　　3000　　　　6000

沿街商铺
大型广告灯箱
IWC
SWISS MADE

人群步道
出租车专用车道
0.100
±0.000
-0.030
成品花钵
侧石
0.100
机动车道
±0.000
-0.030

50厚方弹石
30厚1:3干性水泥砂浆
200厚C25砼垫层
150厚级配碎石垫层
素土夯实

30厚方弹石
30厚1:3干性水泥砂浆
200厚C25砼垫层
150厚级配碎石垫层
素土夯实

停车位做法详见铺地大样

① 15米道路断面图

道路详图

174

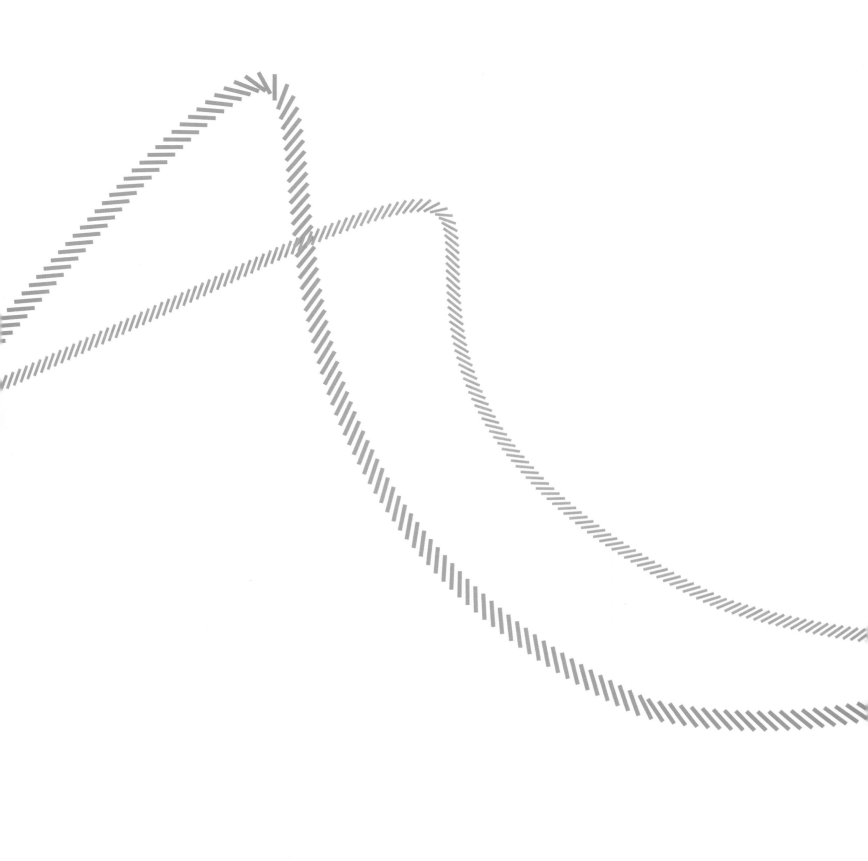

OFFICE AND CLUB
办公、会所

JIAOZHOU NEW INDUSTRY DISTRICT YUEJIN RIVER AND RUYILAKE LANDSCAPE PLANNING

胶州产业新区跃进河两岸规划及如意湖

项目地点：山东青岛胶州湾产业新区
设计时间：2009年2月—2009年11月
建成时间：2013年部分建成，在建中
项目规模：13 630 000平方米
设计单位：深圳市东大景观设计有限公司

本项目位于胶州湾产业新区核心区域，其中跃进河作为蓄洪河道兼具区域核心景观功能，它横穿产业新区，并连接大海，贯穿四片功能组团。景观规划从宏观角度对沿河两岸景观作总体定义，对各个片区的驳岸效果、建筑形态、风格特色以及绿化、铺装等各个系统作统一分析研究，确定各区域的系统设

计、景观节点及景观元素，以此作为下一步各区域景观设计的依据。

规划打造四大个性鲜明的片区特征景观。产业研发区：强调生态与创意；行政文化区：突出文化轴，风景郁郁葱葱的风情岛；商贸金融区：集中展现新区现代繁华的滨海城市风貌；休闲

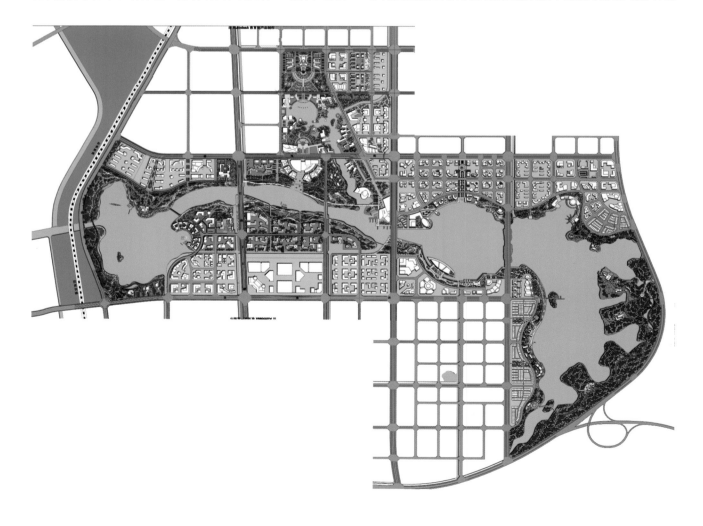

度假区及滨海区域: 共同展现滨海的浪漫休闲与滨海生活的舒适惬意, 设计以跃进河两岸公共活动景观带为骨架, 布置四条景观轴线、五条视线通廊、十一个开放空间节点及三个城市地标, 构成总体空间的框架。

由西向东串联整个河道沿岸的景观主轴线是规划中的重点。我们围绕水系设置滨水景观主轴——红飘带, 其中包括丰富的滨水步行区和电瓶车、自行车道, 形成连续的慢行交通系统, 有机串联各个景观空间, 并在沿线设置十大主题景点及多个小节点, 成为整个区域在近期内重点打造的活动轴, 强调设计的"凝聚"与"生长"理念。

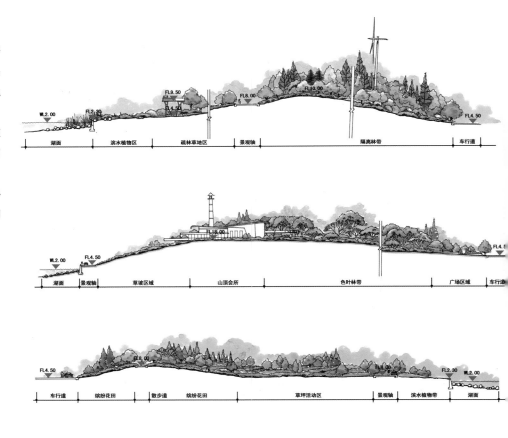

图片备注: 本案中实景图均为施工现场

VANKE HOUSING INDUSTRIALIZATION RESEARCH CENTER

万科住宅产业化研究基地

项目地点：广东东莞
项目面积：30 000平方米
设计时间：2010年
完成时间：部分建成
景观设计：上海张唐景观设计事务所
主设计师：张东、唐子颖、杜强、赵骅

研究基地中的景观设计主要有以下方面的目标和意义：

研究和探索预制混凝土技术在景观设计中应用的可能性和潜力；对国际、国内相关技术案例进行研究，提出切实可行的、能反映预制混凝土技术优势的景观设计策略，营造具有展示和示范作用的景观。

在生态景观方面，研究可持续的景观材料的应用，以及雨水管理（包括暴雨）中景观设计与材料、植物的结合与应用。

展示生态景观的概念以及各种设计手段和万科建筑研究中心研发人员共同探索各类做法的可能性，以及后期推广的可能性。

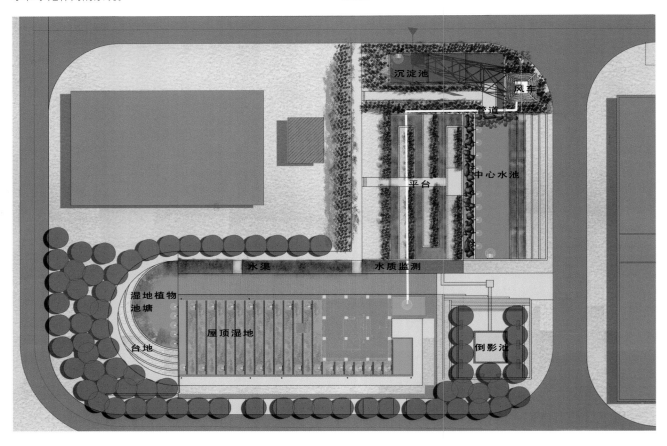

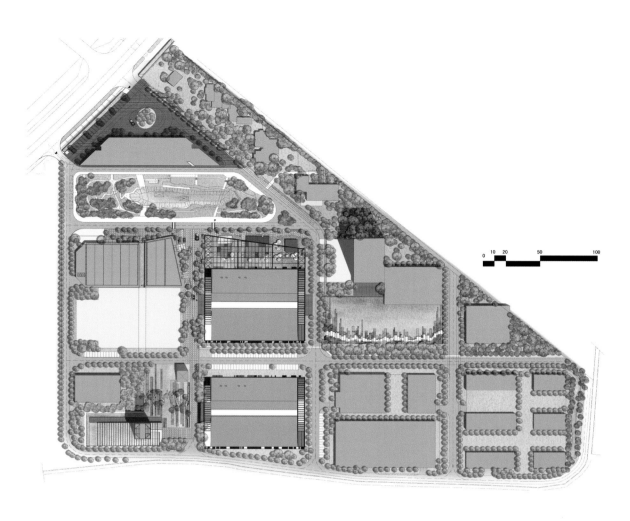

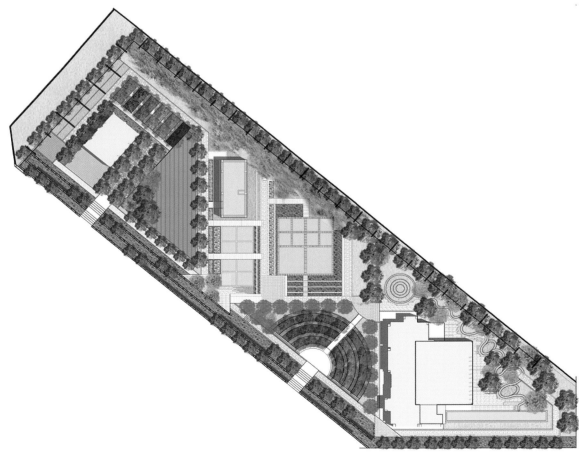

GUANGDONG LANDSCAPE DESIGN FOR MIDEA GROUP HEADQUARTER

广东美的总部大楼景观设计

项目地点：广东佛山

设计时间：2008年

完成时间：2010年

项目面积：23 000平方米

委托方：广东省美的电器股份有限公司

设计单位：广州土人景观顾问有限公司

首席设计师：庞伟

项目负责人：张健

美的（顺德著名的中国家电龙头企业）总部大楼位于顺德北滘新城区的住宅区与工业区的包围之中，总部大楼共31层，高128米，是目前顺德最高的地标建筑。

美的总部大楼景观设计通过现代景观语言回应中国岭南大地景观"桑基鱼塘"，在高速城市化的当下，回归乡土景观形式与本土美感意境。设计通过由"桑基鱼塘"肌理带来的记忆与联想，写就一篇新话语时代的"广东新语"。

阡陌交通的栈桥和道路将用地分割成大小不等、形态各异的几何体——或下沉为水景，或上浮为种植乡土林木的小丘，或成为区域小广场（庭院），或是地下室采光天井。采光天井之上点缀着以乡土材料建造的现代景观构筑，以形态和乡土材料的组合，解决高起的若干地下室采光天井的视觉问题，贯穿并延续地域景观。设计用栈桥、道路、水景与庭院等实际功能体块勾勒出"桑基鱼塘"的网状肌理，让人体验到的不仅是肌理间生动丰富的功能联系，还有亲切舒缓的基塘肌理带给人的、仿佛当年人般的、对土地的归属感。水景在场地中被分作生态湿地以及地下室采光天井上的薄水两种用途，其重点不在于再现水景的不同形式，也不在于水景带来的若干亲水活动，而是在于对区域文化、生活及当地自然环境关系的尊重。生态湿地以及地下室采光天井上的薄水皆设计为雨水、污水收集处理系统的一部分。把屋面和露天雨水收集、蓄积在景观水池之中，并加以处理，将产生的中水和污水全部回收，通过生态湿地进行生物降解处理，回用于绿化灌溉和补充景观水池水量，不使用饮用水作为景观用水。水景设计也解释了我们面对今天环境现状所作出的、关于如何延续和存在的选择。

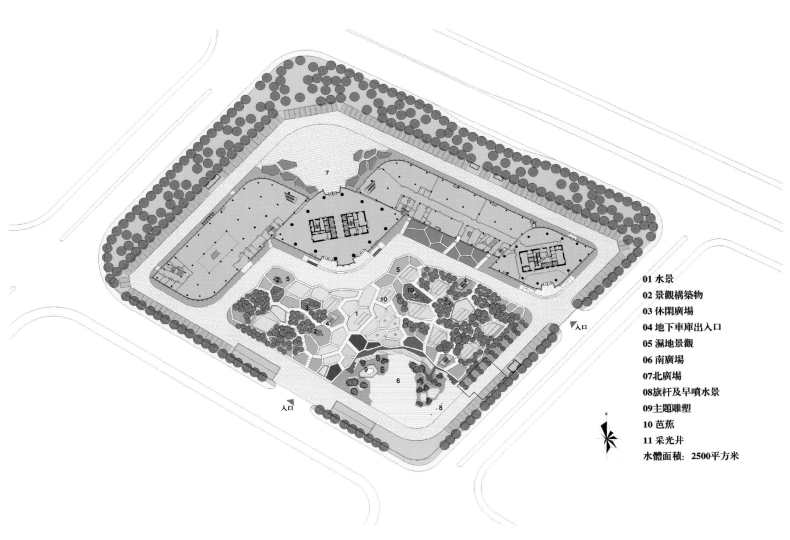

01 水景
02 景觀構築物
03 休閑廣場
04 地下車庫出入口
05 濕地景觀
06 南廣場
07 北廣場
08 旗杆及旱噴水景
09 主題雕塑
10 芭蕉
11 采光井
水體面積：2500平方米

场地原型

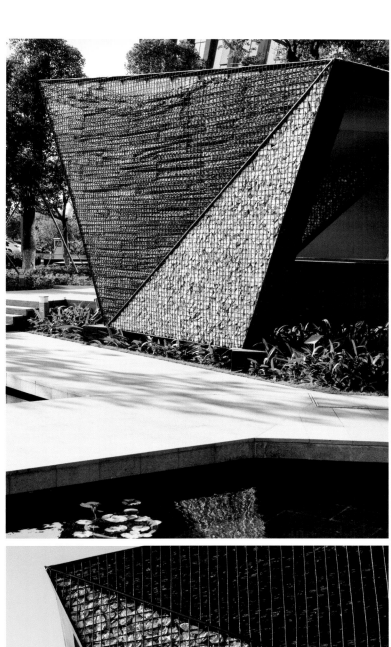

土地肌理的延伸

THE COMPREHENSIVE PROGRAM OF THE THREE GORGES INTERNATIONAL CONVENTION CENTER

三峡国际会展中心综合项目

项目地点：湖北宜昌

建成时间：2010年4月

项目面积：600 000平方米

主设计师：李伦、刘庚

参与设计师：魏亮、代青、王蕾、丁世界、李国娟、于雷、董禹杉、杨欢、张样森等

设计单位：澳斯派克（北京）景观规划设计有限公司

项目简介

本项目基地位于夷陵区梅子垭水库地段，距西陵市中心约7.5公里，东临梅子垭水库，与自然山体相望，西隔发展大道，与清江润城居住社区毗邻，南、北均为规划道路及待开发用地。项目沿梅子垭水库西岸展开，呈南北狭长分布，南北纵深2公里，湖岸线极长，东西相对较窄，具有极强的自然景观优势。公共建筑临路，低密度住宅临水，高层观山，低层临水。

设计理念

根据本项目的区域用地性质、建筑分布及地貌环境等条件，将景观分为五大设计重点，分别是溪谷、水岸、瀛台、霏林、花堤。

利用自然资源较好的梅子垭水库和周边的山体，相互借景，使人工与当地自然景观互融，做到景观的最大化。

按照规划的要求，细致分析项目资源，整合现有山体的可利用资源，形成"一核，一带，四区，多点"的多层次、多感受、多体验的景观格局。

一核：会展中心及周边配套形成地域标识；四区：公共活动区、高层住宅区、山地别墅区、风景观光区；一带：一条环水库景观带。

通过环水库景观带串联其各个区域及多个景点，使人工与自然景观相互融合、渗透，形成自然、生态、连续、丰富、多层次的景区。通过梳理景观滨水岸线，利用组团道路和亲水岸线的互动形成了连续的滨水浏览流线。

设计重点

1.遵循原来建筑规划设计的重点、亮点，战略上建筑规划为主角，战术上景观为主角；

2.以自然、生态的山水文化为景观主题，增强景观高品质的附加值；

3.景观最大限度地利用原地貌，依山就势，保留原有树种，对尺度较大的挡土墙进行景观处理；

4.通过景观设计整合公共、半公共、私密空间的景观连续性；

5.遵循生态优先的设计原则，打造一条绿色、生态的滨湖景观带；

6.一些公共性节点空间，设计应突出项目及开发企业的特色，形成可以持续发展的公司LOGO；

7.考虑当地地质条件，选择适合的种植手法。

绿植设计

通过对现场调研的分析，项目地点的植物群落有：枇杷、杨树、松柏、竹、香椿、柳树、木棉、橘树、柚树、桂花、山桃等。

在此基础上，针对项目的土壤沙石化现状，在植被多样性的基础上坚持"适地适树"与生态优先原则。用不同品种、不同树龄的植物配置出层次丰富、多样的园林植物群落。

该项目地区的植物配置选用耐旱、耐贫瘠、耐阴的植物树种（适宜树种有白皮松、油松、黑松、马尾松、侧柏等）。

在进行山地植物配置时应注重保护原有的天然植被，人工植树以乡土树种为主，针阔叶混交，密植成林，体现浓郁的山林气息。同时借山岭的自然地势划分景区，每个区域突出一两个树种，形成各具特色的不同景区，丰富景观层次。

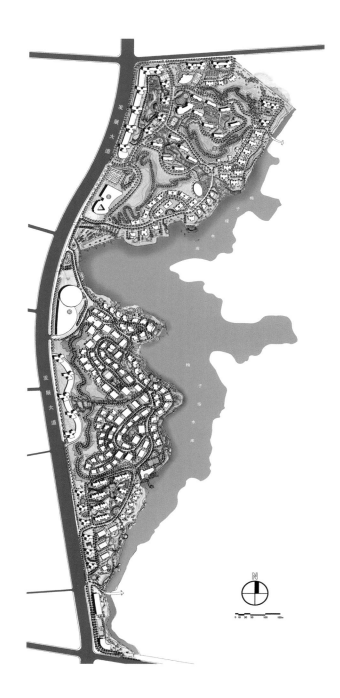

总平面图:master plan

溪谷景区
1、翠屏台
2、桃花溪谷
3、香月亭
4、香堤柳岸
5、跌瀑溪谷
6、平湖秋月

水岸景区
4、香堤柳岸
7、望海阁

瀛台景区
8、酒店
9、生命之花广场
10、会展中心

菲林景区
11、别墅区主入口景观
12、蝴蝶泉
13、米兰花园
14、风雨桥
15、怡情水岸
16、百步梯
17、牡丹亭
18、华清池
19、渔人码头

柳暗花堤景区
20、荷花潭
21、语林广场
22、清水花泊
23、柳岸花堤
24、清梅石舫
25、健身广场

总平面图

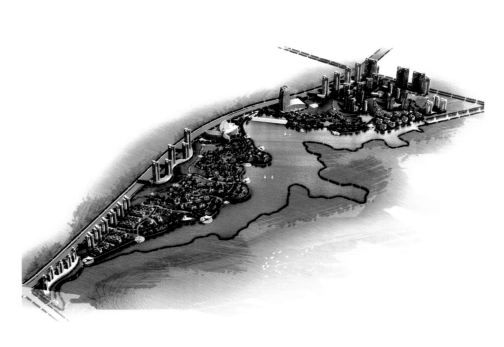

鸟瞰图

主入口效果图一

主入口立面图

主入口效果图二

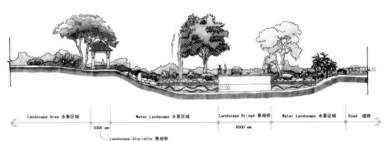

立面图

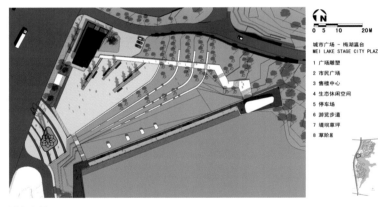

城市广场

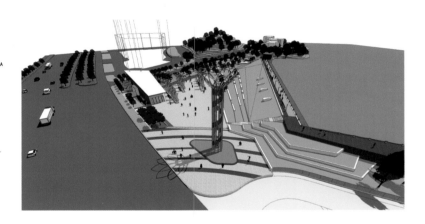

柳岸花堤

跌水

城市之花广场

米兰花堤

碧水涧

丽都水岸

OFFICE AREA OF XI'AN HIGH-TECH MANAGEMENT COMMITTEE

西安高新区管理委员会办公区环境

项目地点：陕西西安

建成时间：2010年

项目面积：100 000平方米

设计单位：FI飞扬国际

这是受绿地集团委托的集中式大型办公楼设计。项目位于西安高新技术产业区。整体项目由四栋高层主楼与中央大型会议中心组成。总体风格简洁大气，融东方园林精神、西方景园形式于一体。设计强化了天圆地方的规划格局，强调总体俯瞰效果，采用图案感极强的构图手法，通过植物、路网、水体，实现地景艺术。项目建成后得到各方面高度认可，成为新区的地标形象。

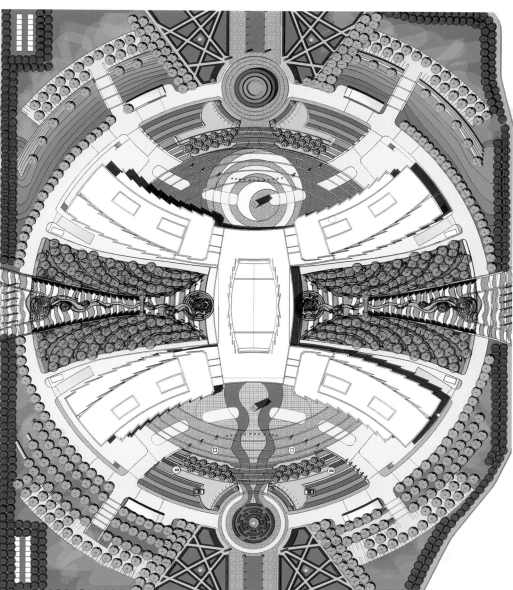

DANING CENTRAL PLAZA PHASE I

大宁中心广场一期

项目地点：上海闸北
设计时间：2010年
建成时间：2011年
用地面积：78 737平方米
建筑面积：52 088平方米
设计单位：TOA诺风景观

大宁中心广场坐落在上海市中心的闸北区，是上海北部的中心区域，与周边区域一并被称为大宁地区。伴随城市的不断发展，这里也开发了大规模公园、高层办公楼群，以及整齐成排的大厦，其位置处于从上海站往北5公里处，到上海马戏城徒步则有约10分钟的距离。

这个项目是上海第一机床厂的旧地再利用改造项目，由日本建筑事务所来担当建筑改造。原来生产机床配件和机械的工厂，具有较大规模和空间，现在以开发办公中心、会议中心及各种餐饮店和购物中心进行大规模的改造。为把原有各种大小建筑与新建设施融合形成崭新的空间，设计在2层部分作了室外木平台连接，据此来修整原有复杂的动线，同时创造出多层化空间。

在景观设计上，我们也采用了多层化空间的立体感设计。以旧建筑再开发为目标，尊重本地的文化和建筑历史，确保历史感与现代感、建筑与景观相调和。另外，基地在当时的上海来说，规模相对较大，场地内现有很多状态良好的树木，设计时，这些现有树木要尽可能地保留。

2011年末改造项目竣工，办公楼及店铺渐渐开始引进。今后，这里将是办公人员自由进出的空间，而且室外空间可延伸室内，空间用来开会和休息、饮食等。

WUXI BINHU DISTRICT GOVERNMENT AND SURROUNDING ENVIRONMENT

无锡滨湖区政府及其周边环境

项目地点：江苏无锡滨湖区金城西路

项目进度：已建成

项目占地面积：120 000平方米

规划设计面积：120 000平方米

景观设计面积：80 000平方米

景观设计单位：FI飞扬国际

建筑景观一体化办公环境设计

通过分析建筑规划形态，设计师发现，该项目建筑规划具有三个主要特点：一是平面对称向心，建筑群环绕大尺度室外空间；二是每栋建筑呈回字形结构，拥有独立内庭院；三是内庭院位于半地下车库上，与建筑入口架空区域相通。这就给建筑景观一体化设计带来了机会：第一个机会，利用形式感强、中心对称的景观形式，完善建筑设计平面的对称格局，将基地统一成一个完整的场所；第二个机会，利用内庭院组织室内外活动功能，将其作为无顶的办公空间来考虑；第三个机会，利用架空区域半室内半室外的特点，调整部分建筑边界，将内外庭院和建筑融为一体。

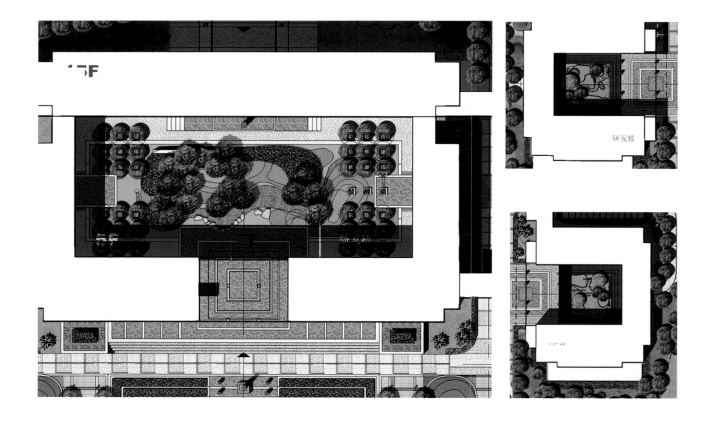

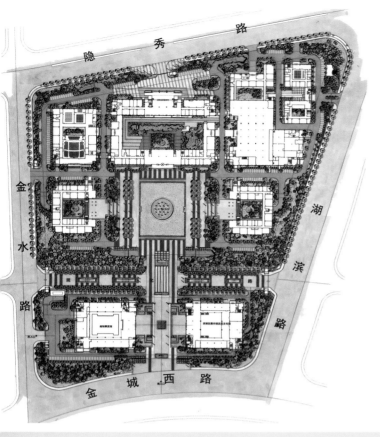

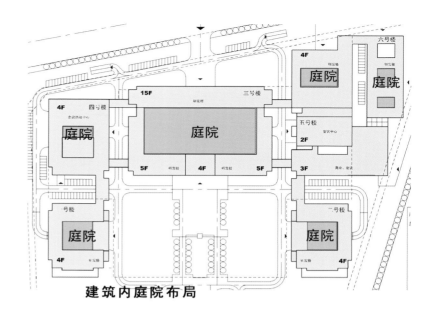

建筑内庭院布局

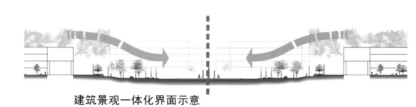

建筑景观一体化界面示意

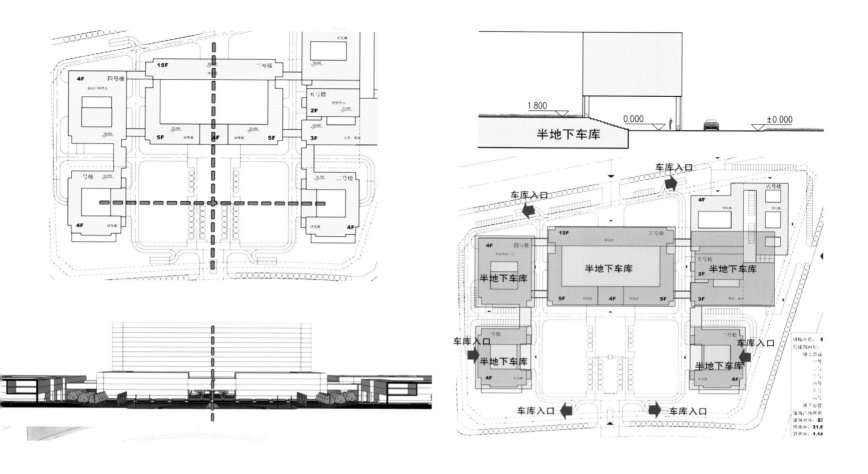

2012 WUHAN TENCENT
2012 武汉腾讯

项目地点：湖北武汉
设计时间：2012年
建成时间：在建
设计单位：GN栖城

本案建筑所拥有的独特的线条感和立体感，成为景观设计的灵感之源。设计师在场地设计中延续了建筑的线条感，运用了舒展的造型和极具现代感的折线线条，划分动静区域的同时，带来不同的景观体验。在竖向设计中，也运用折线组成三角形状，使地面景观也同样具有立体特征。项目合理设计游线，制定参观通道和员工通道两条分流线路，沿湖的场地向湖面扩展，增加了活动空间。

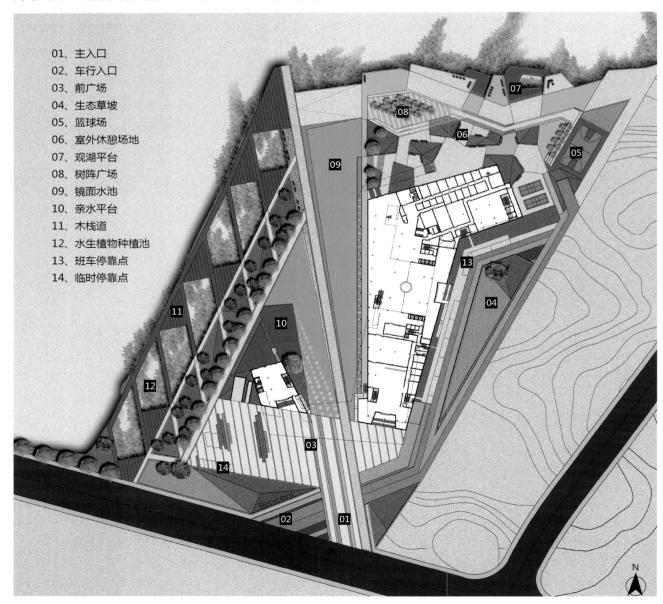

01、主入口
02、车行入口
03、前广场
04、生态草坡
05、篮球场
06、室外休憩场地
07、观湖平台
08、树阵广场
09、镜面水池
10、亲水平台
11、木栈道
12、水生植物种植池
13、班车停靠点
14、临时停靠点

CHONGQING PENGHUI CBD PROJECT DEMONSTRATION AREA LANDSCAPE DESIGN

重庆鹏汇 CBD 项目示范区景观设计

项目地点：重庆江北区

设计时间：2012—2013年

完成时间：2013年

项目面积：18 000平方米

主设计师：何小强

设计单位：深圳市何小强景观设计有限公司

景观设计风格定位

　　东南亚风格就像一个调色盘，把柔美和雅致、精致和闲散、华丽和缥缈、绚烂和低调等情绪调成一种沉醉色，沉稳中透着一点儿贵气，甚至充满着纸醉金迷的奢靡气息。浓烈深沉的颜色搭配宗教文化，散发着蛊惑人心的欲望气息，香艳得让人想入非非。但是一味的仿造或是去全盘照抄是不合时宜的，早期的东南亚风格只代表了当时的一种大众审美与社会文化。因此，我们要在历史与未来之间寻求一个平衡点，有取有舍，以早期东南亚风格为大背景，通过空间的多种变化，结合当地特色及精致文化品位，营造一种崇尚自然，原汁原味的、五星级酒店般的舒适惬意，充分体验与品位高贵的休闲生活方式。项目示范区提供一个临时的体验公园，实现将公园带回家的愿望，既在意料之中也在意料之外。

　　分区定位：每个分区都结合其自然景观和建筑风格形态演绎着不同的故事，为人们提供不一样的行走体验空间。这样的体验通过设计有序的景观节点、视觉通廊，以及服务设计串联起来，形成相互联系、动静结合、色彩斑斓的全新生活办公模式，真正地将山水文化带入公共空间，从一个不同的视角展示重庆的魅力与活力。

　　A区 体验公园（品质生活）：建筑为景，人景合一，四季更替，万种风情。

　　B区 白金会所（名流云集）：缔造名流品质生活，全新奢华感触。

　　C区 样板房（高端写字楼）：雄踞中心地段，独揽大势，非凡气度之上，广褒视野之下。

　　A区定位及规划

　　公园作为整个示范区内的情绪培养点，从入口处的民国牌坊延伸而来的蜿蜒小道，带领人们一步一步进入景观深处，这种由浅渐渐入深的诱导，使得人们在游览途中一次次惊艳后，情绪得到提升。

　　B区定位及规划

　　会所作为整个示范区内的情绪释放点，其独特的景观设计与场地构造，给人留下难忘的体验经历，在这里，拥有的不仅是雅致的景色、尊贵的服务，还传达了一种高品质的生活理念。

　　C区定位及规划

　　优质一线江景写字楼、科学严谨的品质控制和管理体系、国际眼界本土智慧、配合景观的柔美景色，以此达到别致的空间效果。对面公园延绵过来一条林荫小道，木质的台阶在密密丛林的映衬下忽明忽暗，行人一步一景，虚实结合，很好地衔接了公园与写字楼。

总鸟瞰图

SHANGHAI YONGTAI XIJIAO CLUBHOUSE GARDEN

上海永泰西郊会所花园

项目地点：上海
项目面积：11 000平方米
设计时间：2009年3月
完成时间：2010年月
景观设计：上海张唐景观设计事务所
主设计师：唐子颖、张东

　　该商务会所位于上海西郊宾馆一角，其中包括3栋高端奢侈品展示会所，2栋商务办公会所和1栋休闲会所。如何在有限的空间里最优化景观环境，用什么样的景观元素和手法凸显该会所花园高端但不张扬的景观环境，是该设计的重点和难点。

　　景观设计通过改变空间的格局，改变了人的行为方式以及对花园的使用方式。在有限的空间里既考虑了公共共享空间的组织性和系统性，又强调了每一个别墅个体私有庭院的独特性和私密性。现代简约的硬质景观配以优雅的植物景观，使用耐久的石材、永久性的设计手法，用细节体现了社区高端现代的景观基调，以及浪漫与严谨相交融的氛围。

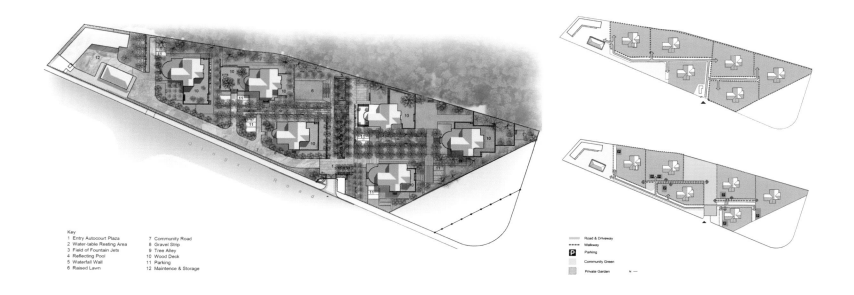

Key
1 Entry Autocourt Plaza
2 Water-table Resting Area
3 Field of Fountain Jets
4 Reflecting Pool
5 Waterfall Wall
6 Raised Lawn

7 Community Road
8 Gravel Strip
9 Tree Alley
10 Wood Deck
11 Parking
12 Maintence & Storage

Road & Driveway
Walkway
P Parking
Community Green
Private Garden

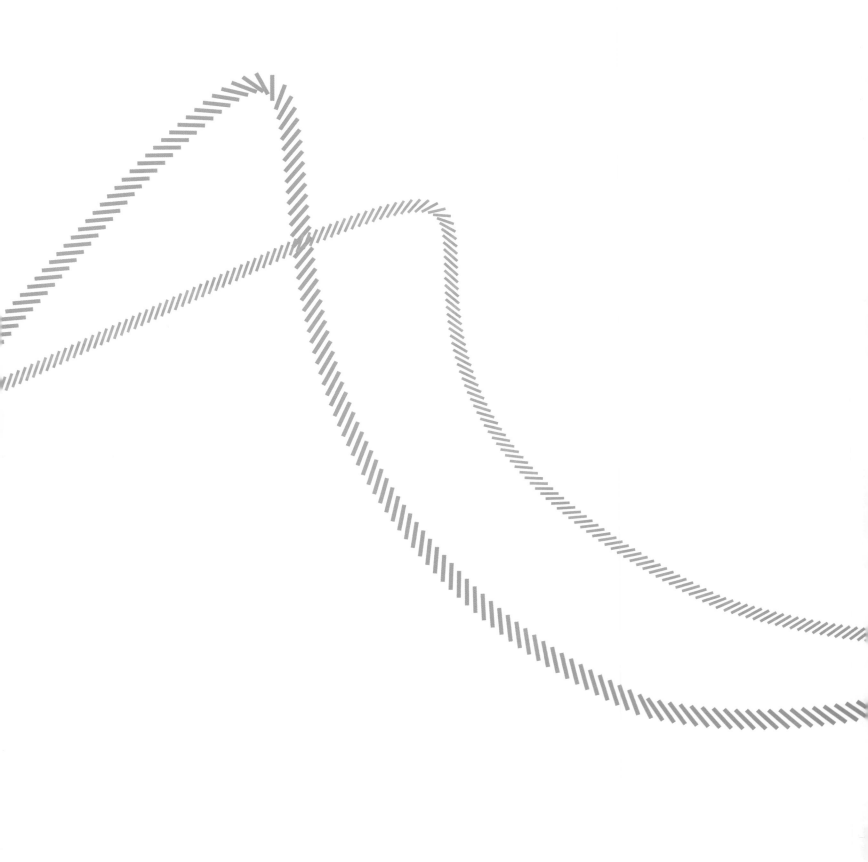

CULTURE AND EDUCATION

文化、教育

ZHANGJIAJIE MUSEUM SQUARE

张家界市博物馆室外广场

项目地点：湖南张家界

设计时间：2012年

建成时间：2012年8月

主要设计人员：郑荣伟、白荣、周华、黄丹、杨珊

设计单位：格林沃德

张家界市博物馆位于张家界市城区大庸桥公园旁，博物馆主要展示了张家界具有重要历史、艺术、科学价值的历史文物、民族文物、革命文物和核心景区的地质风貌以及张家界建市以来城市规划、建设所取得的丰硕成果。本项目将成为张家界市标志性建筑景观。

张家界以罕见的石英砂岩峰林奇观闻名于世，景观设计结合建筑设计"山"的定位，巧妙地以"山·味道·故事"为设计主题，通过对张家界特色自然景观与人文景观的提炼与再现，描述"奇峰秀水树地标，云蒸霞蔚迷人眼，野趣横生四时景，故事蕴藏美景中"的特色景致，主体建筑仿佛从自然景观中生长而出，景观与建筑有机地融为一体，相得益彰。

CULTURE AND EDUCATION

文化、教育

总平面图

竖向分析图

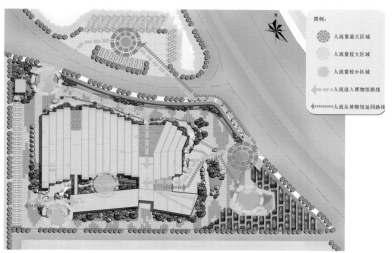

人流量分析图

视线分析图

功能分析图

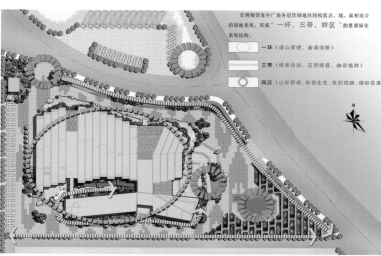

绿化系统结构分析图

交通流线组织分析图

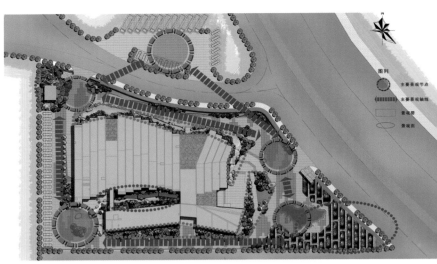

空间结构分析图

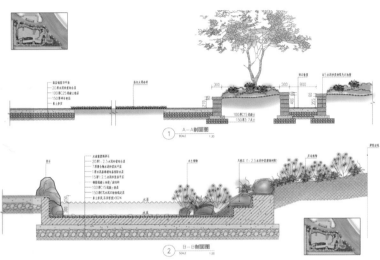

剖面分析图一

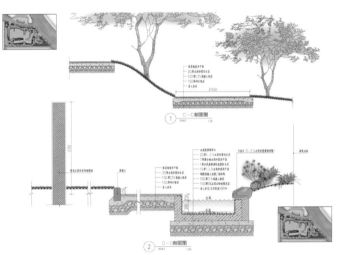

剖面分析图二

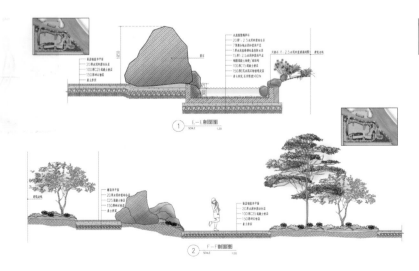

剖面分析图三

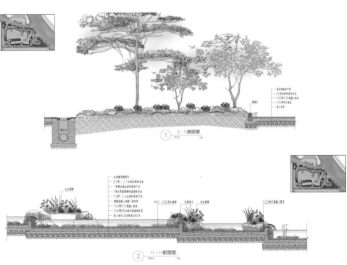

剖面分析图四

250

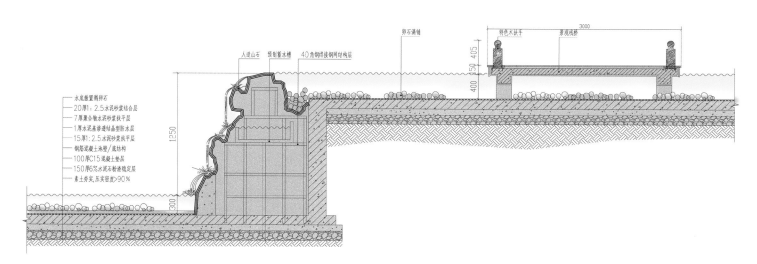

人造山石　预制蓄水槽　40厚钢焊接钢网结构层　　卵石满铺　　特色木扶手　景观栈桥　3000

水底散置鹅卵石
20厚1：2.5水泥砂浆结合层
7厚聚合物水泥砂浆找平层
1厚水泥基渗透结晶型防水层
15厚1：2.5水泥砂浆找平层
钢筋混凝土池壁/底结构
100厚C15混凝土垫层
150厚6%水泥石粉渣稳定层
素土夯实,压实密度≥90%

剖面分析图五

雾景观

总体鸟瞰图

主入口

次入口

HALLELUJAH ODEUM
张家界哈利路亚音乐厅

项目地点：湖南张家界武陵源黄龙洞入口广场

投入使用时间：2010年

建设面积：5 800平方米（最终建成面积4 970平方米）

设计单位：北京土人景观与建筑规划设计研究院

设计团队：俞孔坚、张慧勇、刘向军、张娟、刘玉洁

项目位于举世闻名的风景区湖南省张家界武陵源，地处世界遗产地张家界武陵源石英砂岩地貌景区的外缘，是黄龙洞景区旅游建设和景观改造项目的一部分。通过索溪河，黄龙洞这一石灰岩地貌与以石英砂岩地貌为特征的张家界核心景区相联系。张家界武陵源由三部分组成，其中张家界早在1982就被设立为中国第一个国家森林公园；1988年8月，武陵源被列入国家第二批40处重点风景名胜区之内；1992年，由张家界国家森林公园、索溪峪风景区、天子山风景区三大景区构成的武陵源自然风景区被联合国教科文组织列入《世界自然遗产名录》，这也是中国第一个世界遗产地。奇特的石英砂岩峰林地貌，使张家界武陵源风景享誉中外，更成为2009年美国动画大片《阿凡达》场景设计的灵感来源。也正因为此原因，商业策划者即将启用的原"黄龙洞剧场"更名为"哈利路亚音乐厅。"

本项目的最大挑战莫过于如何使建筑最大限度地减少对自然风景的干扰。在这样神奇的大自然面前，任何人类的创造和设计都是渺小的。因此，设计的策略是谦逊地静处，像处子，陶醉于晚霞之中。建筑选址于索溪河边，依山傍水，蹲伏于山涧豁口，沿索溪河廊道，翘首凝视远处西方那神奇的石英砂岩峰林。这既是建筑之于景观的姿态，更是人之于大地的态度。

本设计所处的地段极其敏感，作为世界著名旅游地的建筑，其本身需要有自己鲜明的个性诉求，而作为剧场，建筑本身又具有自己的功能要求和造价限制，同时，绿色时代为当代建筑提出了更高的生态要求。正是在这诸多限制条件下，本设计找到了一种统一与和谐的状态。使建筑在尊重场地与环境的同时，自己也成为景观的有机部分，既充分地满足功能的诉求，又获得独特的形式，同时又是一种绿色建筑。

必须指出的是，本设计在施工过程中被局部改动。如原设计灵感来自大地岩层的断裂、翘起，而不是现在其入口处猴子手里正在翻动的那本书；最初的名称是"黄龙洞剧场"，并不是现在的"哈利路亚音乐厅"；原设计入口下沉，使屋顶直延至地面，但施工过程中广场没有下沉，入口也没能潜入屋檐之下；在具体选材和施工工艺方面，仍然有许多不足；环境绿化方面也不够简洁，等等。此皆为遗憾，只能作为教训以助未来的设计。

YUNNAN UNIVERSITY

云南大学

项目地点：云南昆明呈贡新城区

设计时间：2009年9月

完成时间：在建

占地面积：483 000平方米

设计单位：GN栖城

云南大学呈贡校区位于昆明呈贡新城区雨花片区中心区域，项目旨在继承和发扬云大优秀的历史文化传统，体现云大独有的历史文脉特征，营造"书苑式山水校园"和"新云大精神空间"的理念。在人文、自然、传统、和谐的规划主题下，设计强调了创造崭新学习方式的建筑景观空间，创造了"山水校园"、"人文校园"、"和谐校园"。

彩云之南——彩虹之桥

赋予校区主环路以"彩虹"的理念，以其所贯穿的七个主题空间来诠释

1.运动；2.人文；3.艺术；4.绿色；5.阳光；6.科技；7.创新。

以七色环状彩虹来诠释环境公共空间的层次组织，以启发性和引导性序列的空间构成、组织方式，来完成各主题空间的开放与闭合及动静态对比。

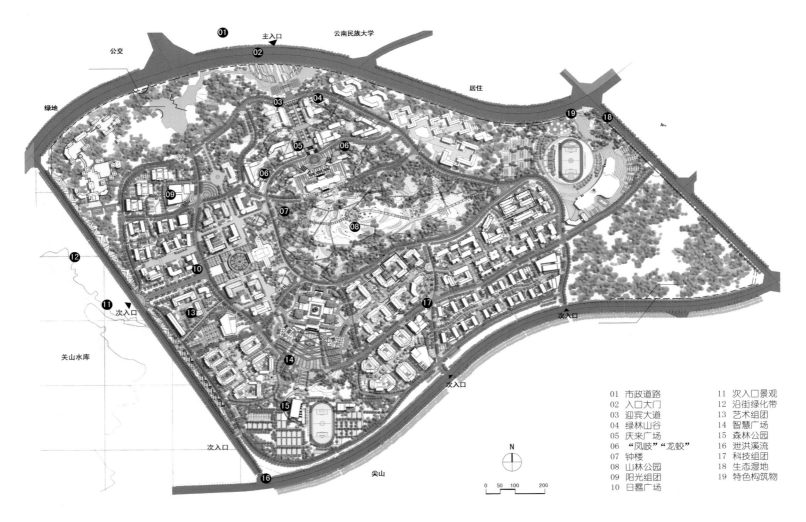

01 市政道路	11 次入口景观
02 入口大门	12 沿街绿化带
03 迎宾大道	13 艺术组团
04 绿林山谷	14 智慧广场
05 庆来广场	15 森林公园
06 "凤岐""龙蛟"	16 泄洪溪流
07 钟楼	17 科技组团
08 山林公园	18 生态湿地
09 阳光组团	19 特色构筑物
10 日晷广场	

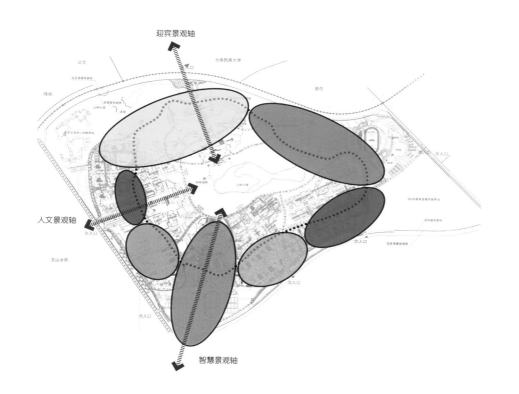

迎宾景观轴

人文景观轴

智慧景观轴

红之活力

橙之瑰丽

黄之和煦

绿之畅想

青之摇曳

蓝之梦幻

紫之旖旎

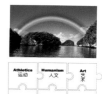

■ 入口主入口靠近交通枢纽、城市干道、校区内环线

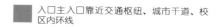

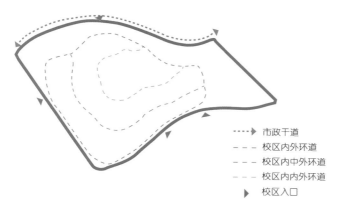

········▶ 市政干道

– – – 校区内外环道

– – – 校区内中外环道

– – – 校区内内外环道

▶ 校区入口

■ 以山林公园上的钟楼为景观核心

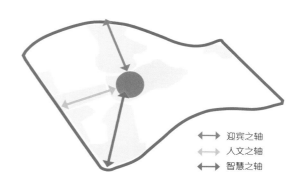

⟷ 迎宾之轴

⟷ 人文之轴

⟷ 智慧之轴

■ 山水景观骨架，坡地减低冬季寒流

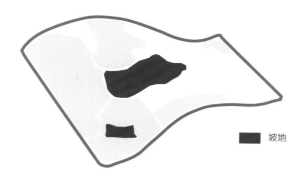

■ 坡地

■ 全区水体分布

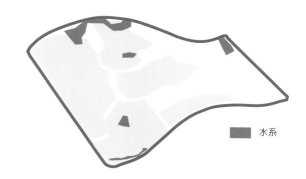

■ 水系

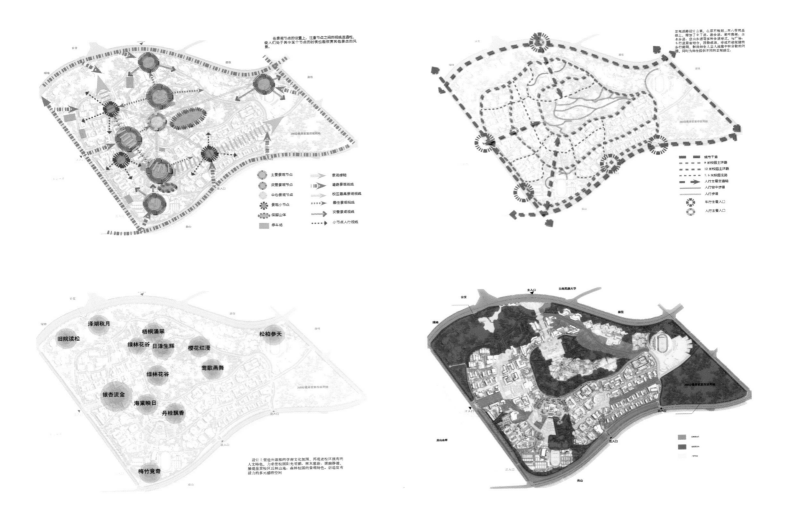

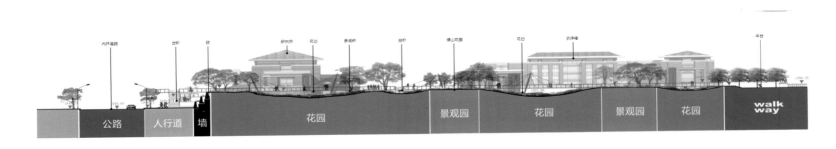

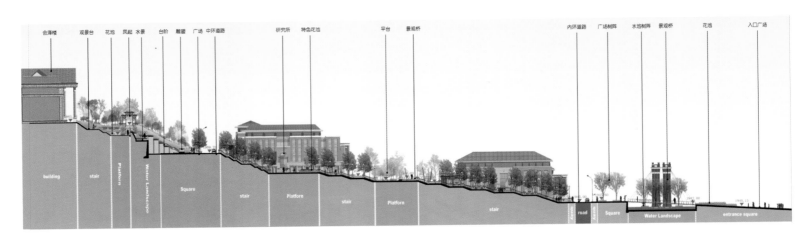

264

SHANXI LIULIN LIANSHENG EDUCATION PARK PROJECT LANDSCAPE DESIGN

山西柳林联盛教育园区

项目地点：山西吕梁柳林县

设计时间：2010年8月

建成时间：在建

景观设计面积：330 000平方米

设计单位：澳斯派克（北京）景观规划设计有限公司

首席设计师：李伦

设计团队：许妮、代青、刘庚、云荟然、叶超、麦志就、丁世界、杨鸿雁、赛丽雪等

地理位置

柳林县位于山西省西部，吕梁山西麓，东邻离石，西滨黄河，北接临县，南临中阳、石楼，总面积1288000平方米。

本案位于三川河沿线，柳林县县域中东部地区，在县城东北方向5公里处。

设计定位

营造三晋地区现代化的特色品牌教育园区。

设计概念

绿谷+硅谷（自然生态+文化知性+休闲空间）。

设计原则

自然、人文、运动。

景观主要框架为一轴三心。一轴——由最南侧园区大门，至中心广场、图书馆与科技楼形成的中轴。

三心——入口大门景观节点、图书馆前中心广场、天文台西侧景观广场。其中，天文台与景观广场形成对景，为本项目的景观制高点；而西部绿坡为园区提供了开阔的观景空间和景观渗透。

项目利用区位优势打造近郊高端品牌学习园区。

设计遵循原始建筑布局，通过景观引导，创造集文化、生活于一体的舒适空间。

同时，通过景观、绿化手法，弥补失陷性黄土在植物种植上的限制，丰富园区绿化。

景观最大限度地利用原地貌，依山就势，创造台地景观及竖向景观空间。

充分利用现有资源，把西部绿谷资源引入园区。

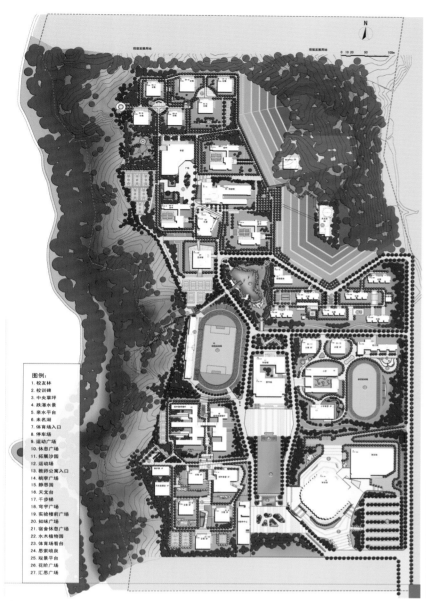

图例:
1. 校友林
2. 校训碑
3. 中央草坪
4. 跌瀑水景
5. 亲水平台
6. 未名湖
7. 体育场入口
8. 停车场
9. 运动广场
10. 休息广场
11. 拓展沙园
12. 运动场
13. 教师公寓入口
14. 桃李广场
15. 静思园
16. 天文台
17. 千步梯
18. 穿字广场
19. 实验楼前广场
20. 知畅广场
21. 宿舍休息广场
22. 水木植物园
23. 体育场看台
24. 思泉喷泉
25. 观景平台
26. 花阶广场
27. 汇思广场

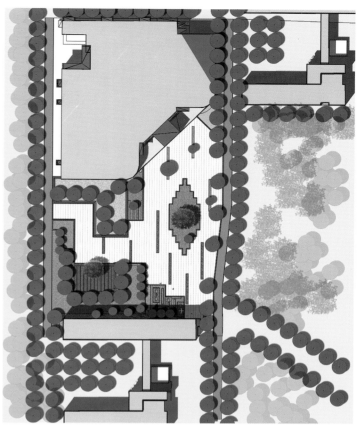

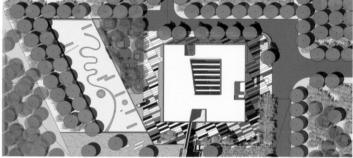

273